Die akuten Erkrankungen der Gaumenmandeln
und ihrer unmittelbaren Umgebung

Leitfaden für Ärzte und Studierende

von

Dr. med. Werner Schultz
Dirigierender Arzt der II. inneren Abteilung
des Krankenhauses Charlottenburg-Westend

Mit 1925 Abbildungen

Berlin
Verlag von Julius Springer
1925

ISBN-13: 978-3-642-90383-0   e-ISBN-13: 978-3-642-92240-4
DOI: 10.1007/978-3-642-92240-4

ALLE RECHTE, INSBESONDERE DAS DER UBERSETZUNG
IN FREMDE SPRACHEN, VORBEHALTEN

COPYRIGHT 1925 BY JULIUS SPRINGER IN BERLIN

Softcover reprint of the hardcover 1st edition 1925

Vorwort.

Die Anginen sind lange Stiefkind gewesen. Interne und Spezialisten haben sich bis vor kurzem in die Aufgabe geteilt, das Gebiet unbeachtet, oder, wenn das zu viel gesagt ist, unentwickelt zu lassen. Die weittragenden Fortschritte auf dem Gebiete der Diphtherie haben zweifellos auf der Schattenseite zu einem Desinteressement geführt, das anderen Fragen zum Verhängnis geworden ist. Hierin ist nun neuerdings eine Wendung eingetreten, insofern als von verschiedenen Seiten, klinische und experimentelle Forschungen Ansätze zu einem für Pathologie und Praxis in gleicher Weise aussichtsreichen Arbeitsfeld beleuchtet haben.

Wenn es persönliche Erlebnisse sind, die zu dem Entwurf des vorliegenden Leitfadens geführt haben, so liegt der Grund hierfür einmal in der Tatsache, daß seit Jahren eine reiche Sammlung von Halserkrankungen des Groß-Berliner Westens auf der unter meiner ärztlichen Leitung stehenden zweiten inneren Abteilung des Krankenhauses Westend vereinigt ist. Des weiteren hat sich aber herausgestellt, daß sich im Laufe der Zeit immer wieder schwerste perakut verlaufende Fälle einfinden, deren Pathologie von höchstem Interesse ist, ohne deren intime Kenntnis indessen die klinische Aufklärung der Fälle sehr häufig mißlingt, weil die Überstürzung der Ereignisse rasches und zielbewußtes Eingehen auf den Fall verlangt. Wir werden diese Fälle niemals heilen, wenn wir sie nicht wenigstens diagnostizieren.

Den Gegenstand des vorliegenden Abrisses bilden die akuten Tonsillenerkrankungen als Krankheiten für sich und als führendes Symptom. Da wir überall am Anfang der Probleme stehen, kann die allgemeine Pathologie der Tonsillenerkrankungen, die hier versucht ist, lediglich als bescheidener Beginn betrachtet werden. Im speziellen Teil sind auch die neuerdings diskutierten, aber noch nicht völlig geklärten Krankheitsbilder wie Monocytenangina und Agranulocytose berücksichtigt und die Wichtigkeit der hämatologischen Seite ist unterstrichen.

Speziell für ein näheres pathologisch-anatomisches Eingehen auf die Agranulocytose bin ich außer den ersten Untersuchungen von VERSÉ, dem Prosektor unseres Krankenhauses, Herrn Prof. CEELEN zu Danke verpflichtet. Das gleiche gilt für den Leiter unseres Untersuchungsamtes, Herrn Oberarzt ELKELES bezüglich bakteriologischer Befunde. Ferner bin ich in dankenswerter Weise durch den Direktor des Charlottenburger Krankenhauses für Haut- und Geschlechtskranke, Prof. BRUHNS, durch Hinweise auf seinem Spezialgebiet und vortreffliche Abbildungen der luetischen Halserkrankungen unterstützt. Seine materielle Existenz verdankt der Leitfaden der raschen Initiative von Herrn Dr. med. h. c. SPRINGER, was ich auch an dieser Stelle mit Dank hervorhebe.

Ich würde es als einen Erfolg begrüßen, wenn dieser kurze Abriß dazu beiträgt, das organische Zusammenwirken der Disziplinen auch in der Hand des Praktikers zu steigern, welche letzten Endes der entscheidende Faktor für alle Auswirkungen der Heilkunde ist.

Berlin-Charlottenburg, im Mai 1925.

Werner Schultz.

Inhaltsverzeichnis.

Seite

Allgemeiner Teil 1
   Anatomie und Physiologie 1
   Pathogenese 4
   Pathologische Anatomie 21
   Allgemeine Therapie der Tonsillitiden 24

Spezieller Teil 28
   Diphtherie 28
      Bakteriologie S. 28. — Experimentelle Pathologie S. 30. — Klinik der Diphtherie S. 32. — Diagnose S. 37. — Pathogenese. Pathologische Anatomie. Immunität S. 38. — Bacillenträger S. 42. — Prophylaxe S. 44. — Allgemeinbehandlung der Diphtherie S. 50. — Serumtherapie der Diphtherie S. 51. — Anaphylaxie S. 53.
   Tonsillitis acuta (Anhang: Angina herpetica) 56
   Peritonsillitis und Tonsillarabsceß 64
   Monocytenangina 67
   Plaut-Vincentsche Angina 83
   Lues der Mandeln 89
   Mandelaffektionen bei Gonorrhöe 92
   Akut verlaufende Tuberkulose der Rachenteile 93
   Mandelerkrankungen bei schweren akut verlaufenden Affektionen des hämatopoetischen Apparates 94
     Akute Leukämie 94
     Aleukocythämische Leukämie 97
     Amyelie 100
     Agranulocytose 109
   Mandelerkrankungen bei sonstigen Infektionszuständen und Intoxikationen 123
     Aphthae epizooticae 124
     Colitis cystica 126
     Erythema exsudativum multiforme 127

	Seite
Erythema infectiosum	131
Erythema nodosum	131
Grippe	131
Meningitis cerebrospinalis epidemica	134
Morbilli	135
Rubeolae	135
Typhus abdominalis	135
Scarlatina	136
Vaccine	138
Varicellae	139
Variola	139
Intoxikationen	139
Sachverzeichnis	145

Allgemeiner Teil.
Anatomie und Physiologie.

Die Gaumentonsillen gehören dem Mundrachen, Mesopharynx, an, der gegen den Epipharynx durch das Gaumensegel, gegen den Hypopharynx durch den Zungengrund abgegrenzt wird.

Die Entwicklungsgeschichte lehrt die Entstehung der Gaumenmandeln aus einer Tiefenwucherung des Ektoderms im ventralen Anteil einer im Grunde der zweiten Schlundspalte sich anlegenden Grube. Beim Fötus deckt eine vom vorderen Gaumenbogen ausgehende Plica triangularis von der Medianseite her die ganze Mandelgegend zu, so daß sie in diesem Entwicklungsstadium abgezogen werden muß, um die eigentliche Mandelbucht zur Anschauung zu bringen. Die Mandelbucht wird von dem über ihr liegenden Recessus palatinus durch eine feste, diaphragmaartige Gewebsplatte, die Plica transversa, abgeschieden.

Die Mandeln sind im fertigen Zustande Aggregate von Balgdrüsen. Topographisch liegt die Tonsilla palatina zwischen den beiderseitigen vorderen und hinteren Gaumenbögen in einer Nische, die in 2 Abschnitte gesondert ist. Die Mandel, die vorn von einer deutlichen Schleimhautfalte, der erwähnten Plica triangularis, umgrenzt wird, nimmt den hinteren Abschnitt ein, liegt also dem hinteren Gaumenbogen an. Der vordere, prätonsillare Abschnitt der Nische zeigt wechselnde Befunde. Er ist bald tiefer eingebuchtet und glatt, bald springt er durch große Balgdrüsen ausgezeichnet stark vor. Diese letzteren haben, wie GEGENBAUR annimmt, nichts mit denen der Mandel zu tun, von der sie durch die erwähnte Schleimhautfalte scharf geschieden sind, und werden als Fortsetzungen des Balgdrüsenkomplexes der Zungenwurzel aufgefaßt. Im ausgebildeten Zustand wird die gesamte Mandelgegend (Mandel- und Supratonsillarbucht) von der fibrösen Mandelkapsel gemeinsam umschlossen.

Mikroskopisch sind die Mandeln vom Pflasterepithel der Mundhöhle ausgekleidet. Eine eigentliche Submucosa existiert nicht, das lymphadenoide Gewebe wird nur von dünner Epithelschicht überzogen.

Während die Höhle der Balgdrüsen der Zungenwurzel, ebenso wie die der Rachenmandel in ihrer unteren Fläche den Ausführungsgang einer tiefer gelegenen Schleimdrüse aufnimmt, zeigen die Gaumenmandeln dadurch einen bemerkenswerten Unterschied, daß in ihnen nirgends ein Schleimausführungsgang in das Kryptenlumen einmündet. C. HIRSCH meint, „daß man weder in den adenoiden Vegetationen am Rachendach noch an der Zungengrundmandel eine Pfropfbildung im gleichen Sinne wie in den Gaumenmandeln beobachtet hat, weil eben in den Gaumenmandeln der Speichel nicht in die Kryptenlumina einströmt und das pfropfbildende Material nicht abgeführt wird."

Bezüglich der Lymphgefäße der Gaumenmandeln nimmt man, wie CÄSAR HIRSCH ausführt, insbesondere nach SCHLEMMER an, daß weder die Gaumentonsille noch die übrige lymphadenoide Substanz der Mundrachenhöhle, also der ganze WALDEYERsche Schlundring zuführende Lymphgefäße besitzen. Der Lymphabfluß aus den Tonsillen findet ausschließlich zentripetal zur vorderen oberen Gruppe der Glandulae jugulares statt. Es existiert keine zentrifugale, pharynxwärts gerichtete Lymphbewegung. Das Lymphcapillarnetz stellt in den Tonsillen ein geschlossenes Kanalsystem dar. Es gibt keine kryptenwärts offene Enden desselben, durch die ein zentrifugaler Lymphstrom möglich wäre. Nach allem hat man die Gaumenmandeln als einen Komplex peripherer Lymphknötchen, nicht aber als Lymphdrüsen aufzufassen. Man nimmt heute nicht mehr an, daß die Lymphocyten durch einen Lymphstrom an die Oberfläche geschafft werden, sondern durch eine aktive Wanderung, die auch in anderen Abschnitten des Digestionstractus vor sich geht. Die Ansicht früherer Autoren, daß Lymphocyten sich nur extrem langsam bewegen, muß heute als widerlegt gelten, nachdem MORTON MC. CUTCHEON gezeigt hat, daß menschliche Lymphocyten bei Beobachtung unter dem geheizten Mikroskop eine allmählich bis zur neunten Beobachtungsstunde fortschreitende Zunahme der Lokomotion zeigen. Die höchste Geschwindigkeit eines einzelnen Lymphocyten betrug 30 Mikren pro Minute, annähernd soviel als die Geschwindigkeit eines neutrophilen Leukocyten.

In den „Keimzentren" der Follikel sieht man heute nicht mehr die Bildungsstätten der Lymphocyten, sondern Reaktionszentren, in denen im Gegenteil die Lymphocyten, wenn sie beschädigt sind, unschädlich gemacht werden, ebenso wie Bakterien und deren Toxine.

Was die angebliche Schutzfunktion der Mandeln betrifft, so ist es kaum verständlich, daß die Anhäufungen lymphadenoiden Gewebes nur im jugendlichen Alter voll vegetierend vorhanden sind, während man bei älteren Individuen, die doch auch des Schutzes bedürftig sind, an Stelle der Tonsillen oft bloß mehr einige Furchen der Schleimhaut mit sehr spärlichem Gewebe antrifft. Außerdem leiden jugendliche Individuen oft sehr stark (Mandelkinder!) und erholen sich prächtig nach deren Entfernung.

Über die innere Sekretion der Mandeln ist uns nichts zuverlässiges bekannt.

Die Tonsillensubstanz hat nach KELEMEN und v. GARA stark gerinnungsbeschleunigende Eigenschaften. Wir wissen seit mehr als einem halben Jahrhundert (ALEXANDER SCHMIDT), daß dies bei allen parenchymatösen Organen, speziell den lymphatischen der Fall ist, somit keine Sondereigenschaft der Mandeln vorliegt.

Nach MINK haben die Tonsillen die Durchfeuchtung der Atmungsluft durch Wasserabgabe an ihrer Oberfläche zu besorgen. Danach wären die Mandeln ein Manometer für das Wasserbedürfnis des Organismus unter Vermittlung des Durstgefühls. Ergebnisse der Mandelexstirpation sprechen nicht für diese Theorie.

Man glaubte, daß die Mandeln wegen ihrer anatomisch-histologischen Merkmale besonders als Eintrittspforten für eine Reihe von Krankheiten in Frage kommen. Sie besitzen tiefgehende und weitverzweigte Krypten, in die keine Ausführungsgänge der Schleimdrüsen einmünden, massenhafte Bakterienflora in den Kryptenkonkrementen, üppige Lymphocytendurchwanderung des Epithels mit Zerreißung desselben. Was von dieser Auffassung zu halten ist, werden die eingehenden Ausführungen weiter unten ergeben.

Die Fortleitung einer Infektion von den Mandeln aus trifft, wie C. HIRSCH ausführt, zunächst die Lymphgefäße und macht sich in einer Lymphdrüse geltend. Nach GOLDMANN erkrankt zuerst die paratonsilläre Drüse in der Regio retromandibularis, etwa in der Höhe der Mandel selbst, dann die Drüsen zwischen Schildknorpel und Zungenbein, weiterhin die in der Einmündung der Vena facialis communis in die Jugularis interna gelegene, zuletzt die tiefen cervicalen Drüsen entlang der Vena jugularis interna.

Pathogenese.

Die ältere, vielfach noch herrschende Anschauung über die Entstehung der Tonsillitiden geht dahin, in den Tonsillen gleichzeitig den Ort der Infektion und der Krankheitsmanifestation, Eingangspforte und Krankheitssitz zu erblicken. Gegen die Allgemeingültigkeit dieser Ansicht sprechen nun eine Reihe seit Jahren vertretener grundsätzlicher innerklinischer und neuerdings spezialistischer Anschauungen, die zum Teil in einer Monographie von FEIN einen Niederschlag erhalten haben. Die Gedankengänge lassen sich in etwa folgenden Sätzen niederlegen, deren Einschränkungen weiter unten zu erörtern sind.

1. Wir haben keinen Grund, anzunehmen, daß die Erreger übertragbarer Tonsillitiden vorzugsweise durch die Mandeln eindringen, vielmehr bietet der ganze Komplex Naseneingang, Nase, Epi-, Meso- und Hypopharynx, Mundhöhle und Kehlkopf tausendfältig Gelegenheit zur Aufnahme krankhafter Keime.

2. Die Entstehung der übertragbaren Tonsillitis ist durchweg eine hämatogene, die Tonsillen sind demgemäß Manifestationsort einer Allgemeinerkrankung.

3. Zwischen Tonsillen und gewissen Infekten besteht eine analoge biologische Affinität wie zwischen Typhusbacillen und PEYERschen Plaques. Man nimmt heute an, daß die Affektion der letzteren indirekt, d. h. vom Blute aus zustande kommt.

4. Die Rolle der Streptokokken und einiger anderer Erreger bei Tonsillitiden ist pathogenetisch eine sekundäre.

Unter Berücksichtigung der 4 aufgestellten Punkte gibt uns das Paradigma des Scharlachs eine verhältnismäßig klare und akzeptable Pathogenese einer Tonsillitis mit Beteiligung von Streptokokken. Der primäre Infekt wird durch das noch unbekannte, unsichtbare spezifische Virus dargestellt, dessen Eingangspforte durchaus nicht die Tonsillen zu sein brauchen, wie dies einmal durch das Vorkommen von Scharlach ohne Angina gezeigt wird, ferner durch die Entwicklung von echtem Scharlach mit Angina im Anschluß an äußere Hautverletzungen. Die Angina kann also fehlen, wenn die biologische Affinität des Virus zu den Tonsillen fehlt. Die Streptokokken spielen die Rolle von „Hyänen." Ihre Tätigkeit beginnt, wenn der Weg für sie durch den Scharlacherreger im biologischen Sinne geöffnet ist.

Sie sind es, die schließlich dominieren und häufiger den Tod des Befallenen herbeiführen als der ursprüngliche Scharlachinfekt. Es handelt sich um eine ähnliche Rolle, wie die heutige Klinik sie den Streptokokken bei der Grippepneumonie unserer letzten Epidemien zuweist.

Es wäre also zu diskutieren, inwieweit die Tonsillitiden bezw. gewisse Formen derselben bei ihrer Entstehung der Wegbahnung durch ein invisibles Virus für verdächtig gelten müssen.

Auch die luetische Angina läßt sich mit den aufgestellten Punkten gut in Einklang bringen. Die Eingangspforte der Spirochäten pflegt von den Tonsillen fern zu liegen. Die luetische Angina ist der Ausdruck eines Fortschreitens der syphilitischen Allgemeinerkrankung. Gehen wir von der Anaphylaxietheorie der akuten Infektionskrankheiten aus, so entspricht die Inkubationszeit der Krankheit der Präparationszeit beim vorbehandelten Versuchstier. Bei der Syphilis des Menschen haben offenbar die verschiedenen Organsysteme eine verschiedene Präparationszeit und die Inkubationszeit für die Sekundärerkrankung der Tonsillen beträgt mehrere Wochen. Erst nach Ablauf dieser Zeit sind in den Tonsillen, um im Bilde der Anaphylaxie zu bleiben, genügend sessile Rezeptoren, Sensibilisine, vorhanden, um in Kontakt mit den vorhandenen Spirochäten die für das Zustandekommen der Tonsillitis nötige Reaktion auszulösen. Die luetische Angina entwickelt sich auf Grund einer mit dem Erreger verknüpften biologischen Gesetzmäßigkeit. Die Intervention einer besonderen, hiervon unabhängigen zeitlichen oder örtlichen Disposition der Tonsillen ist nicht erforderlich. Die besonders gleichzeitig auftretende gesteigerte Affinität der Syphilisspirochäte zu Rachenteilen und Genitalien scheint auch noch anderen Affektionen eigentümlich zu sein. Wir sehen die Kombination Rachenteile und Genitalien auch bei der Agranulocytose und bei gewissen nichtluetischen Haut-Schleimhauterkrankungen, von denen im speziellen Teil die Rede sein wird.

Es kann keinem Zweifel unterliegen, daß auch bei der akuten Leukämie alle Formen von Tonsillenerkrankung Manifestationen der bereits bestehenden Allgemeinerkrankung sind. Diese uns selbstverständlich erscheinende Annahme ist aber noch heute Gegenstand der Diskussion. Frühere Autoren sind der Ansicht gewesen, daß ulceröse und gangränöse Prozesse im Bereiche der Mundhöhle zu Beginn der Erkrankung auch die Eintrittspforte für die supponierten Erreger der akuten Leukämie abgäben. Diese Anschauung, die, wie ALBERT HERZ ausführt, zuerst HINTERBERGER aussprach teilte auch FRÄNKEL, während andere Autoren, wie ASKANAZY, diese Auffassung mit dem Hinweis auf den anatomischen Befund ablehnten, aus welchem hervorgeht, daß die Ulcerationen sekundär auf der Basis einer schon bestehenden leukämischen Infiltration entstünden. Die Möglichkeit, daß eine Infektion von irgendeinem Teile der Mundhöhle aus, Ursache der Leukämie sein kann, hat auch A. HERZ auf Grund einer Beobachtung vertreten, bei welcher sich die akute Leukämie an eine Infektion anschloß, die ihren Ausgang von einer gangränösen Periostitis nahm, bei welcher das Zahnfleisch von leukämischer Infiltration histologisch frei war. Wir können HERZ nicht folgen, wenn er die geschilderte Annahme besonders für diejenigen Fälle für gerechtfertigt hält, welche mit einer Tonsillenaffektion beginnen, die sich, wie er richtig ausführt, oft kaum von einer schweren Angina unterscheidet, und wir werden ebensowenig PRIBRAM zustimmen, der soweit ging, die frühzeitige Exstirpation der Tonsillen zur Verhütung der akuten Leukämie vorzuschlagen.

Bezüglich der akuten Leukämie hatte ich selbst Gelegenheit, den Fall eines jungen Mädchens zu beobachten, der unter den Erscheinungen einer Tonsillitis mit hämorrhagischer Diathese begann. Die ursprünglich lakunäre Angina bekam sehr rasch den Aspekt einer Diphtherie, um schließlich nach einigen Tagen einer finalen Tonsillengangrän Platz zu machen. Der leukämische Blutbefund war vom ersten Moment an voll entwickelt. Die Tonsillen können indessen bei der Leukämie in noch anderer Weise Manifestationsort der Krankheit werden.

In Fällen von schweren Allgemeinerkrankungen wie Leukämie, Aleukämie, der umstrittenen hämorrhagischen Aleukie (akuten aplastischen Anämie) kann die Tonsillenerkrankung so zustande kommen, daß bei Bestehen eines werlhofartigen Zustandes eine Blutung im Bereiche der Tonsille bezw. deren unmittelbarer Nachbarschaft erfolgt. Da gleichzeitig ein septischer Allgemeinzustand vorzuliegen pflegt, so hat man es in unmittelbarer Folge mit einer infizierten eventuell nekrotischen Höhle zu tun, die nach außen durchbricht und dem Beschauer das Bild einer nekrotischen Tonsillitis darbietet, die indessen pathogenetisch ihren Weg von innen nach außen genommen hat.

Ein Beispiel eines solchen Vorganges kann man aus dem ersten

Falle eines 7jährigen Kindes von akuter aleukocythämischer Leukämie von BAAR ableiten.

Auch in dem von mir im speziellen Teil beschriebenen Fall H. spricht das Sektionsprotokoll von schwerer jauchig-nekrotischer Entzündung mit etwa kirschgroßem Sequester der rechten Gaumentonsille.

Schließlich ist bei allen den genannten Prozessen, die mit Verdrängung oder direkter Destruktion aller neutrophil und eosinophil granulierten Knochenmarks- und Blutelemente vor sich gehen, mit der ganz abnormen Widerstandsunfähigkeit zu rechnen, welche unter diesen Umständen die Gewebe erfaßt und den besonders exponierten Tonsillen zum Verderben wird.

Was die im Verlauf verschiedener Sepsisformen auftretenden Tonsillenerkrankungen betrifft, so ist zu diskutieren, ob dieselben immer ein interkurrentes Akzidenz darstellen, ohne Zusammenhang mit dem sonstigen Krankheitsverlauf. Hier besteht auch die Möglichkeit, daß entweder die kreisenden Keime direkt zur Tonsillitis führen oder durch ihre Toxine eine Krankheitsbereitschaft der Tonsillen herbeiführen, die, wie weiter unten ausgeführt werden wird, eine ,,Selbstinfektion'' von der Oberfläche her gestattet. Wir hätten in diesen Fällen dann nicht eine interkurrente, sondern eine inkurrente Angina vor uns, die sich organisch in das pathologische Geschehen einfügt.

Bezüglich der Anwendung der eingangs aufgestellten Punkte auf die sogenannten einfachen Anginen betonen auch DENKER und NÜSSMANN in ihrer neueren Arbeit über Rachensepsis, daß bei der Tonsillitis primärer Herd und Eintrittspforte der infizierenden Keime durchaus nicht identisch zu sein brauchen.

Für die hämatogene Entstehung der Anginen spricht die Symmetrie, die Gleichzeitigkeit und die Gleichartigkeit der Tonsillenerkrankung, die oft auch andere Teile des WALDEYERschen lymphatischen Schlundrings, also in erster Linie die Rachentonsille in gleicher Weise in den Krankheitsprozeß hineinbezieht. Besonders FEIN hat noch einmal wieder darauf aufmerksam gemacht, daß sich die Angina sehr häufig gleichzeitig und annähernd unter den gleichen Erscheinungen auch an allen übrigen Teilen des Schlundringes, Rachenmandel, Seitensträngen, Granulis der hinteren Rachenwand, Zungenmandel usw. abspielt.

Das stete Vorhandensein einer Allgemeinreaktion läßt sich hämatologisch durch die überall vorhandene Linksverschiebung des Blutbildes nach ARNETH dartun, welches selbst bei der PLAUT-VINCENTschen Angina nicht vermißt wird, wie auf meiner Abteilung TARNOW zeigte.

Auf die allgemeine Frage der Pathogenese der „autogen" entstandenen Tonsillitiden wird weiter unten noch einmal eingegangen.

Einer besonderen Diskussion ist die Genese der zuerst von FRÄNKEL beschriebenen Angina traumatica unterzogen, der so häufig nach Naseneingriffen, auch Eingriffen im Bereich des Oberkiefers, vor allem aber nach Encheiresen an den unteren Nasenmuscheln, auftretenden postoperativen Mandelentzündung. DENKER und NÜSSMANN glauben, daß die nahe liegende Einschleppung von Keimen aus der Nasenwunde auf dem Lymphwege in die Tonsillen nicht als die Ursache anerkannt werden kann. Die Autoren meinen, daß die von LENART und HENKE nachgewiesene Wanderung von in die Nasenmuscheln eingespritzten Rußpartikelchen in die Tonsillen nicht auf dem Lymphwege erfolgt sein kann, weil nach der Feststellung SCHLEMMERS die Tonsillen wie das ganze übrige lymphatische Gewebe des Rachens zuführende Lymphbahnen überhaupt nicht besitzen, sondern nur abführende. DENKER und NÜSSMANN sind daher der Ansicht, daß bei Naseneingriffen die Giftstoffe auf dem Blutwege in den Körper gelangen und so indirekt die traumatische Angina verursachen. Dieser Überlegung muß indessen entgegengehalten werden, daß auch eine atypische Bewegung der Lymphe innerhalb und außerhalb der Lymphgefäße unter so vielen physiologischen und pathologischen Voraussetzungen beobachtet ist, daß man es sich unschwer vorstellen kann, daß der Schluckakt und andere Momente ohne großen Umweg die auf der Nasenmuscheloberfläche eingedrungenen Bakterien den Tonsillen zuführen.

Wenn man annimmt, daß die Streptokokken bei der Tonsillitis ihren Weg durch die Tonsillenoberfläche hindurchnehmen, so ist zu bemerken, daß sich Gründe dafür anführen lassen, daß die „Disposition" der Tonsille zur Tonsillitis nicht an das Verhalten der Oberfläche der Mandeln gebunden ist. Als markantes Beispiel hierfür bot sich mir der Fall eines Mannes, welcher häufig an Tonsillitiden litt, deswegen auch tonsillektomiert war und nun aufs neue an lakunärer Tonsillitis erkrankte, als ein Naseneingriff an ihm vorgenommen war. Die letztere Infektion geschah offenbar von innen heraus, was zeigt, daß die Disposition zur Erkrankung eine Eigentümlichkeit des Organs als ganzen war, und nicht verschuldet durch besondere Eigenschaften der Oberfläche desselben.

Die Anschauung, daß Tonsillenerkrankungen Manifestationen einer Allgemeinerkrankung sind, bedarf indessen einiger Einschränkungen. In erster Linie ist die Diphtherie zu berücksichtigen. Hier liegen in der Tat die Verhältnisse so, daß der Ort des ersten Haftens auch den Primärherd liefern kann. Dem würde die klinische Beobachtung entsprechen, daß die Diphtherielokalisation besonders im Beginn einseitig oder stark asymmetrisch verläuft und sich nicht wie die einfache Tonsillitis an die Mandeln hält, sondern oft unregelmäßig die Nachbarschaft der Tonsillen oder sonstige Partien der Mund- und Rachenhöhle ergreift. Ähnliches läßt sich für die PLAUT-VINCENTsche Angina anführen.

Eine besondere Besprechung erfordern noch diejenigen Anginen, welche durch eine „Erkältung" oder dgl. ausgelöst sind, unter Verhältnissen, die einen besonderen spezifischen Infekt unwahrscheinlich machen oder wenigstens zweifelhaft erscheinen lassen. Die Pathogenese dieser Formen und speziell die Rolle der Streptokokken und anderer Erreger bei diesen bilden die strittigsten Punkte in der ganzen Lehre von den Anginen. Hierauf wird weiter unten ausführlich zurückzukommen sein.

Im folgenden seien zunächst noch einige bakteriologische Einzelfragen von allgemeinerer Bedeutung unter besonderer Berücksichtigung neuerer Forschungen erörtert.

Der Bakterienreichtum allgemein gesunder Personen auf den Tonsillen ist bekanntlich sehr erheblich, besonders wenn es sich um chronisch veränderte Mandeln handelt. Wir verfügen über eine neuere bakteriologische Studie an exstirpierten Tonsillen von JULIANELLE.

Die Untersuchung erstreckt sich auf 147 Paar exstirpierte Tonsillen. Das Material wurde aus der Tiefe der Krypten oder aus sichtbaren Eiterherden nach Spaltung der Tonsillen mit einem sterilen Messer gewonnen. Es wurde auf Fleischwasserblutagar (p_H 7,8) ausgestrichen, 24 Stunden bei 37⁰ bebrütet und nach Entwicklung der Kolonien identifiziert. Es konnte folgende Tabelle aufgestellt werden:

Bakterien	Anzahl der Fälle	Prozentual
Streptococcus haemolyt.	133	90,4
Staphylokokkus	92	62,5
Streptococcus viridans	46	31,2
M. catarrhalis	29	19,7
B. influenzae	25	17,0
Pneumokokkus	13	8,8
B. mucosus	8	5,4
B. diphtheriae	6	4,0
Streptococcus nonhaemolyt.	2	1,3

In 8 Fällen bekam man Reinkulturen, 7mal hämolytische Streptokokken und 1mal Streptococcus viridans. Was die Diphtheriebazillenbefunde betrifft, so sind Virulenzprüfungen nicht angestellt. JULIANELLE sieht den Hauptwert seiner Resultate in ihrer Beweiskraft für die Bedeutung der Tonsillen bei Infektionsträgern.

Was uns in diesem Zusammenhang in erster Linie interessiert, ist die erstaunliche Verbreitung der verschiedenen Streptokokkenformen. Demgemäß soll es die nächste Hauptaufgabe sein, die Bedeutung dieser des näheren zu erörtern. Als Paradigma diene hier wiederum an erster Stelle der Scharlach. Welche Rolle spielen hier die Streptokokken? Sie sind in den Organen der Scharlachleichen, auf den Tonsillen, im Blute und in den Schuppen der Kranken nachzuweisen. Nach JOCHMANNS Untersuchungen haben etwa $3/4$ aller Scharlachleichen Streptokokken im Blute. Indessen haben grade die foudroyant am 2. bis 3. Scharlachtage zugrunde gehenden Fälle in der überwiegenden Mehrzahl steriles Blut und sterile Organe. JOCHMANN stellte an 23 Fällen fest, daß während des Lebens niemals am 1. oder 2. Tage auf der Höhe des Exanthems Streptokokken im Blute gefunden werden, während in der 2. Hälfte der 1. Woche die Streptokokken am häufigsten nachweisbar sind. Hieraus hat man den Schluß gezogen, daß die Streptokokkeninfektion etwas Sekundäres ist, das zu dem Scharlachprozeß hinzukommt. Die Streptokokken treten zu den noch unbekannten Erregern hinzu, um mit ihnen synergetisch die schwersten Krankheitsbilder zu erzeugen. Wenn die Kulturen von hämolytischen Streptokokken, die aus Scharlachfällen isoliert werden, in vielen Fällen von Scharlachserum agglutiniert werden, so zeigt das nur, daß der infizierte Scharlachorganismus den sekundären Eindringlingen gegenüber mit der Produktion von Antikörpern reagiert, beweist aber nichts für ihre primär-ätiologische Bedeutung.

Daß Scharlachstreptokokken an sich nicht die spezifischen Erreger der Krankheit sind, geht aus vielen Beobachtungen hervor. JOCHMANN selbst hatte das Malheur, sich eine mit Reinkultur von Scharlachstreptokokken gefüllte Prawazspritze in den Finger zu stoßen und bekam eine schwere Sehnenscheidenphlegmone, nicht aber Scharlach, obgleich er vorher niemals einen Scharlach überstanden hatte.

Entsprechend JOCHMANNS negativ verlaufenen Blutuntersuchungen der ersten Scharlachtage haben ANTHON und KUCZINSKY bei Tonsillitiskranken kurz nach dem Schüttelfrost oder während des Fieberanfangs mittels Punktionen der Jugular- und Cubitalvenen niemals ein Kreisen von Keimen nachweisen können.

Wir rechnen also bei der Entstehung der Scharlachangina zunächst mit einem primären X, einen unbekannten Virus, welches der im weiteren Verlauf manifest werdenden Tätigkeit des Streptokokkus den Weg bahnt.

In Analogie hiermit wird man zumindest bei epidemischem Vorkommen von Tonsillitiden die Frage nach einem unsichtbaren Virus nicht ohne weiteres als phantastisch abtun können.

In den Verhandlungen der Gesellschaft Deutscher Hals-, Nasen- und Ohrenärzte vom Mai 1923 hat WALDAPFEL über Phagocytoseversuche mit Blut von Anginakranken berichtet, und aus den von ihm gewonnenen Kurven den Schluß gezogen, daß die bei der Angina gefundenen Streptokokken kein Zufalls- und Nebenbefund sind, sondern in inniger Beziehung zur Krankheit und ihrem Verlauf stehen. Dieser Befund stimmt mit den oben erwähnten Anschauungen überein, unterliegt aber derselben Kritik. Er beweist, daß die Streptokokken eine Rolle spielen, ohne über die primäre Ätiologie der Tonsillitis bindendes zu sagen.

Einen interessanten Einblick in die Frage des Verhaltens der Streptokokken bei Anginen geben uns die umfangreichen Untersuchungen zweier amerikanischer Autoren. BLOOMFIELD und FELTY haben sich der Mühe unterzogen, bei 200 Schwesternschülerinnen über einen längeren Zeitraum systematische Untersuchungen anzustellen, die zum Ziel hatten, die Genese der in jedem Winter vorkommenden Tonsillenerkrankungen näher aufzuklären. Die Ergebnisse der Autoren sind im Auszug wiedergegeben folgende:

Im September und Oktober 1922, zur Zeit als Streptokokkenerkrankungen nicht prävalierten, wurden 175 bakteriologische Untersuchungen angestellt. 67 Personen, deren Tonsillen früher entfernt waren, zeigten in 9% der Fälle vereinzelte Kolonien von betahämolytischen Streptokokken im Halsabstrich, während von 108, deren Tonsillen nicht entfernt waren, 37% meist große Streptokokkenmengen aus den Tonsillenkrypten ergaben.

Im Beginn des Oktobers begannen Tonsillitiden aufzutreten, und von dieser Zeit bis zum 1. April 1923, dem Zeitpunkt des Abschlusses der Untersuchung, wurden im ganzen 39 Fälle festgestellt. Ein sicherer Zusammenhang zwischen den einzelnen Fällen war nicht konstatierbar. Bei der Untersuchung der Kranken wurden 3 Abstriche gemacht, von der rechten und linken Tonsille sowie der hinteren Rachenwand. Die Abstriche wurden zu Blutagarplatten verarbeitet. Es zeigte sich, daß hämolytische Streptokokken durchgehend in den Kulturen während des aktiven Stadiums der Krankheit vorherrschen. Beim Vergleich der Kulturen von hinterer Rachenwand und Tonsillen fand sich, daß die letzteren fast in allen Fällen die Bakterien in Reinkultur oder beinahe in Reinkultur und in großen Mengen aufwiesen, während sich die Kulturen der Abstriche der hinteren Rachenwand weniger regelmäßig verhielten und viel weniger hämolytische Streptokokken aufzuweisen hatten. Dies weist darauf hin, daß die Tonsillen den primären Erkrankungsherd darstellen, von welchen aus die benachbarten Schleimhautbacillen mit Bakterien überschwemmt werden.

Was die betahämolytischen Streptokokken betrifft, so entsprachen sie der Definition von SMITH und BRAUN. Es bestand eine breite Hämolyse um jede Kolonie ohne grünliche oder gelbliche Verfärbung. Zwischen der Zahl der gefundenen hämolytischen Streptokokken und der Schwere des Falls bestand keine Beziehung. Auch ganz leichte Fälle konnten die Streptokokken fast in Reinkultur aufweisen. Dagegen fanden sich die beta-hämolytischen Streptokokken nicht bei Fällen, die nicht bestimmt als Tonsillitis aufgefaßt werden mußten, z. B. Pharyngitiden. Umgekehrt ließ sich folgern, daß die Abwesenheit von betahämolytischen Streptokokken gegen die Diagnose Tonsillitis sprach, und für eine andere Infektion z. B. Diphtherie oder PLAUT-VINCENTsche Angina.

Bezüglich der Persistenz der betahämolytischen Streptokokken in der Rekonvaleszenz der Tonsillitis zeigte sich bei Untersuchung von sorgfältig aspiriertem Kryptenmaterial, daß sich die Streptokokken sehr lange halten. Von 53 Kulturen bei nichttonsillektomierten Fällen, die bis zu 154 Tagen verfolgt wurden, war nur eine negativ (am 112. Tage), während von 11 Kulturen bei Fällen die früher tonsillektomiert waren, unter Beobachtung bis zum 73. Tage, 2 negativ wurden, am 73. und 24. Tag und ein Fall nur 2 Kolonien (am 67. Tag) aufwies. Demnach scheint es, daß die betahämolytischen Streptokokken nach akuter Tonsillitis eine undefinierbar lange Zeit persistieren. Dagegen gehen sie auf der freien Schleimhautfläche bald zugrunde.

Die weitere Untersuchung erstreckt sich auf die Frage, inwieweit die Tonsillitis solche Personen ergreift, die vorher als Träger von betahämolytischen Streptokokken befunden wurden. Da zeigt es sich, daß von den Streptokokkenträgern mit einer einzigen Ausnahme niemand an akuter Tonsillitis erkrankte. Von 34 erkrankten Personen war nur eine einzige vorher Trägerin von betahämolytischen Streptokokken.

Der genaue Termin des Auftretens der betahämolytischen Streptokokken bei der akuten Tonsillitis konnte durch Zufall in einem Falle festgestellt werden. Bei dieser Person war am 18. Oktober 1922 der Streptokokkenbefund negativ. Am 31. Januar 1923 kam dieselbe Person mit einer typischen Influenzaattacke in Behandlung. Eine Halsabstrichkultur zeigte jetzt vereinzelte Kolonien von betahämolytischen Streptokokken ohne Symptome einer Tonsillitis. Am nächsten Tag entwickelte sich eine solche, und die Kulturen von Tonsillen und hinterer Rachenwand zeigten jetzt zahllose Streptokokken, beinahe in Reinkultur.

Zur Beurteilung, ob die Tonsillenerkrankungen als Epidemie oder sporadische Fälle aufgefaßt werden müssen, sind folgende Überlegungen anzustellen:

Erstens handelt es sich um die Frage: Liegen Beweise einer direkten Verbreitung der Krankheit von Mensch zu Mensch vor? Und zweitens: Ist eine Veränderung in dem Parasitismus der Allgemeinheit aufgetreten?

In einer fulminanten Meningitis-Epidemie läßt sich klinisch der Nachweis des Kontaktes zwischen den Kranken führen, und außerdem wächst die Zahl der allgemeinen Meningokokkenträger unter gesunden Personen, die nicht mit Kranken in Kontakt stehen, erheblich an. Die Epidemie ist also mit einer ausgesprochenen Veränderung gegenüber dem „normalen" Typ des Parasitismus der Meningokokken verbunden. Bei einer sporadisch ausgebreiteten Krankheit liegen demgegenüber die Verhältnisse ganz anders. Da handelt es sich nicht um eine Verbreitung von Fall zu Fall, sondern jeder Krankheitsfall entsteht aus einer anderen Quelle, z. B. einem chronischen Infektträger. Auch besteht keine Veränderung in dem allgemeinen Parasitismus des ursächlichen Erregers, und die spezielle Empfänglichkeit der Person ist von größerer Bedeutung als die möglicherweise gesteigerte Virulenz des Bakteriums.

Im vorliegenden Falle der Tonsillitiden mußte man von einer **Häufung von Fällen von sporadischer Infektion**, sprechen, nicht von einer Epidemie.

Was nun die **Empfänglichkeit für resp. die Resistenz gegen akute Tonsillitis** betrifft, so wurde bezüglich des **Verhältnisses von früher tonsillektomierten zu nichttonsillektomierten Personen** folgendes festgestellt: Von 75 tonsillektomierten bekamen eine akute Tonsillitis 6 Personen = 8%, von 109 nichttonsillektomierten 32 Personen = 30%. **Demgemäß macht die Tonsillektomie weniger empfänglich für akute Streptokokkeninfektion des lymphadenoiden Gewebes der Rachenteile, offenbar aus anatomischen Gründen.** Bezüglich der weiteren Frage, inwieweit Streptokokkenträger gegenüber Nichtträgern empfänglich sind, so ergibt sich, daß unter 104 kontrollierten Personen, die nicht tonsillektomiert waren, 41 Träger nur 1 Tonsillitiskranken = 2,5% aufwiesen, während von 63 Nichtträgern 26 = 41% erkrankten. Hieraus ergibt sich, daß **die Streptokokkenträger ziemlich weitgehend gegen akute Tonsillitis geschützt** waren. Es erhebt sich nun die weitere Frage, ob die Gegenwart des Streptokokkus an sich den Schutz ausmacht, oder ob der Streptokokkus als Hinweis auf eine früher erzeugte Reaktion und infolgedessen einen gewissen Grad von Immunisierung aufzufassen ist. Die Anamnesen führten hier zu dem Resultat, daß solche **Personen, die früher Tonsillitis überstanden hatten, mehr zu Neuerkrankung neigten** als solche, deren Anamnese keine vorausgegangene Tonsillitis enthielt. Unter 63 nichttonsillektomierten Personen, die nicht Streptokokkenträger waren, hatten 29 in ihrer Anamnese keine vorausgegangene Tonsillitis. Hiervon erkrankten 5 = 17%, während von 34 Personen, die bereits Tonsillitis gehabt hatten, 21 erkrankten, also 62%. **Eine gewisse Anzahl von Personen scheint aus unbekannten Gründen**

Pathogenese. 15

„von Natur" unempfänglich oder relativ unempfänglich gegen Streptokokkeninfektion der Rachenteile zu sein. Jedenfalls sind von solchen Personen, die zu einer gegebenen Zeit nicht Streptokokkenträger sind, diejenigen, welche niemals Tonsillitis hatten und daher wahrscheinlich auch nie Träger waren, weniger empfänglich.

Unter Personen, die nicht von Natur unempfänglich sind, entsteht ein zeitweiliger Schutz mit Streptokokkentragen im Anschluß an eine akute Infektion. Dem Aufhören des Infektionsträgerstadiums folgt jedoch eine rasche Zunahme der Empfänglichkeit.

BLOOMFIELD und FELTY erklären die auffallende Saisonschwankung in der Häufigkeit der Tonsillitis dadurch, daß im Winter während der Freistunden häufig gegenseitige Besuchsansammlungen zahlreicher Schwestern in den engen Schlafräumen stattfinden, welche in der warmen Jahreszeit aufhören. Zwischen der Lokalisation der verschiedenen Schwesterngruppen in den Gebäuden und der Verteilung der Streptokokkenstämme von Trägern und Kranken waren Beziehungen feststellbar. Dagegen bestanden keine Beziehungen des Auftretens der Tonsillitis zu Wetter, Temperatur, Sonnenschein, Feuchtigkeit usw. Die Autoren halten das Aufhören des engen gegenseitigen Kontaktes während der Sommermonate für das ausschlaggebende. Zu beurteilen, inwieweit diese Anschauung richtig ist, muß allerdings wohl weiteren kritischen Untersuchungen vorbehalten bleiben. Man kann sich doch dem Eindruck nicht entziehen, daß brüsker Wechsel der Wetterlage die allgemeine Disposition zu Halserkrankungen steigert.

Weitere Untersuchungen von BLOOMFIELD und FELTY betreffen einen Zeitraum, in welchem eine Streptokokkenerkrankung nicht prävaliert. Bei 42 gesunden Personen, deren Tonsillen früher entfernt waren, hatten $38 = 90,5^0/_0$ einen negativen, 4 oder $9,5^0/_0$ einen positiven Befund von betahämolytischen Streptokokken. Bei 66 ebenfalls gesunden Personen, deren Tonsillen nicht entfernt waren, hatten 39 Personen $= 59^0/_0$ negativen und 27 Personen oder $41^0/_0$ positiven Streptokokkenbefund. Das Auftreten von akuten Tonsillitiden und die Einführung von Rekonvaleszenzträgern unter die Schwesternschülerinnen war ohne Einfluß auf den Parasitismus der gesunden Personen. Von 25 gesunden Personen mit entfernten Tonsillen hatten unter dieser neuen Voraussetzung 23 Personen = 92% negativen, 2 Personen oder 8% positiven Befund. Bei 42 gesunden Nichttonsillektomierten hatten 28 Personen = 67% negativen Befund, 14 Personen = 33% positiven. Es ergibt sich hieraus, daß das gehäufte Auftreten von akuter Tonsillitis nicht mit einer Änderung in den allgemeinen Parasitismus der Schwesternschülerinnen verknüpft war und auch die Einführung der Rekonvaleszenzträger änderte hieran nichts.

Weiterhin erörtern die Autoren die Frage, inwieweit Streptokokkenträger während einer tonsillitisfreien Zeit die mit ihnen in Berührung stehenden Personen ebenfalls zu Streptokokkenträgern machen. Bei Untersuchung der zu je 2 Personen als Stubenkameraden untergebrachten Schwestern ergab sich kein Anhaltspunkt für die Annahme, daß gesunde Träger von betahämolytischen Streptokokken auf gesunde Nichtträger die Streptokokken übertragen, selbst wenn enger und anhaltender Kontakt besteht. Die Verteilung der Streptokokkenbefunde war nämlich folgende: Bei 51 paarweise untergebrachten Schwestern waren beide negativ 23 mal, in 24 Fällen war eine Partnerin positiv und eine negativ und nur 4 mal waren beide positiv.

Man muß sich daher außer der Kontaktmöglichkeit noch nach anderen Erklärungsmöglichkeiten für die Streptokokkenträgerschaft umsehen. Vermutlich liegen nach BLOOMFIELD und FELTY die Verhältnisse so, daß diejenigen Trägerinnen, bei welchen sich anamnestisch keine Tonsillitis ermitteln ließ, doch eine leichte, den Patientinnen wenig bemerkbar gewordene Tonsillitis überstanden haben.

Schließlich ist noch die Frage erwogen, in welchem Verhältnis das klinische Aussehen der Tonsillen zum bakteriologischen Befund steht, und da ergibt sich, daß pathologisch aussehende Tonsillen mehr Streptokokkenbefunde ergeben als „unschuldig" aussehende.

Aus den hier wiedergegebenen Versuchen von BLOOMFIELD und FELTY scheint mir praktisch besonders wichtig zu sein, daß Streptokokkenträger sich in der Regel als immun erwiesen und daß die Streptokokkenträgerschaft als solche sich nicht zu übertragen pflegt. Die oben angeführte Ansicht der Autoren, daß die Streptokokkenträgerschaft auf das

Überstehen unmerkbarer Anginen zurückzuführen ist, erscheint mir nicht plausibel.

Liegt es nicht näher anzunehmen, daß nur solche Individuen, die konstitutionell bzw. organdispositionell leicht auf Streptokokken ansprechen, humorale Einrichtungen auf ihrer Oberfläche besitzen, welche den Streptokokken für gewöhnlich die Persistenz an ihrer Oberfläche unmöglich machen, während andere Individuen, die konstitutionell nicht leicht auf die Gegenwart der Streptokokken reagieren, eine derartige Einrichtung nicht besitzen und daher zu dauernden Infektionsträgern werden?

Wenn Mandelexstirpierte, obwohl sie in der Mehrzahl der Fälle Nichtstreptokokkenträger sind, weniger zu Anginen neigen, so dürften, wie auch BLOOMFIELD und FELTY annahmen, die anatomischen Verhältnisse hier eine entscheidende Rolle spielen.

In diesem Zusammenhang verdienen die Untersuchungen von W. ANTHON und MAX H. KUCZYNSKI eine Erwähnung, zumal sie noch einige spezielle Gesichtspunkte aufweisen.

Nach den genannten Untersuchern sind bei gesunden Personen in der Regel sowohl die Oberfläche der Gaumentonsillen wie auch die Krypten frei von hämolytischen Streptokokken. Typisch dagegen ist die gleichmäßige Besiedelung mit grün wachsenden Streptokokken, und zwar fast regelmäßig mit solchen, die in langen Ketten wachsen. Daneben finden sich recht häufig der FRIEDLÄNDERsche Pneumobacillus, der Diplococcus pharyngis communis von LINGELSHEIM (M. catarrhal.) und seine Verwandten. Es zeigt sich, daß die einzelnen Personen eine recht konstante Mundhöhlenflora haben. Echte tierpathogene Pneumokokken fehlen dem ganz gesunden gut gepflegten Munde, sind dagegen bei Rauchern häufig. Bei schlecht gepflegten Mundhöhlen mit Fäulnis und Gärungsprozessen kommt es zu einer starken Wucherung solcher Keime, die von Eiweißabbauprodukten oder von Zuckern, Alkoholen, organischen Säuren zu leben vermögen. Hierher gehören der Kreis der fusospirochätären Symbiose, die hämolytischen Streptokokken und die Staphylokokken. In den Mandelkrypten können sich nach Infekten die hämolytischen Streptokokken wochenlang halten, als Zeichen eines noch nicht völlig hergestellten Gleichgewichtes. Auf der ganz normalen Schleimhaut, auch der Tonsille, „verhungert" der hämolytische Streptokokkus.

ANTHON und KUCZYNSKI sind, wie auch andere, der Meinung, daß das klinische Bild der Tonsillitis nicht unter allen Umständen ätiologisch einheitlich aufzufassen ist, wenn auch in erster Linie die hämolytischen Streptokokken stehen. In Analogie mit der fusospirochätären Symbiose, welche, wie sie annehmen, sehr wahrscheinlich Gewebsläsionen zur Voraussetzung hat, erwägen die Autoren ein gleiches auch für die hämolytischen Streptokokken, namentlich für die häufigsten nicht epidemischen Infekte, denen viele Menschen immer wieder unterliegen.

Sie nehmen also an, daß bei Erkältungen zu Tonsillitis neigender Personen ein „leicht katarrhalischer" Zustand der Tonsillen die Wegbahnung für die sekundäre Infektion bewirkt. Pathogenetisch vermittelt nach den Autoren eine geringfügige Ausschwitzung ein üppiges Wachstum der hämolytischen Streptokokken und begünstigt gleichzeitig eine mehr diffuse Ausbreitung der Infektion, während die stärkere exsudative Reaktion die Ernährungstätigkeit der Streptokokken begrenzt.

Die Befunde von ANTHON und KUCZINSKY sind deshalb interessant, weil sie die Ernährungsbedingungen der Bakterien im lebenden Organismus mit in den Kreis der Betrachtung ziehen, was durch die neueren Anschauungen über die Variabilität der Streptokokkenstämme weiter bedeutsam zu werden verspricht.

Wir haben also bisher zwei pathogenetisch ganz verschiedene Wege für das Entstehen der Tonsillitis erörtert, die das Gemeinsame haben, daß auf eine primäre Vorbereitung der Tonsille eine sekundäre Aktivität von hämolytischen Streptokokken einsetzt. Die eine Erklärungsrichtung setzt voraus, daß auf eine Erkältung hin oder dergleichen auf reflektorischem oder sonstigen Wege Tonsillenveränderungen zustande kommen, welche bahnend wirken. Die zweite Richtung macht die Tätigkeit eines auf dem Blutwege eingedrungenen Virus hierfür verantwortlich. Daß die Tätigkeit der Streptokokken bei der Pathogenese der Tonsillitis eine wichtige, vielfach entscheidende Rolle spielt, unterliegt wohl keinem Zweifel. Mehr oder weniger ungeklärt ist indessen die Frage, wie aus den inaktiven Streptokokken, den harmlosen Schmarotzern der Tonsillenoberfläche, bei der Tonsillitis die gefährlichen Feinde des Organismus werden können.

Einen interessanten Beitrag zur Beleuchtung dieser Frage bilden die Untersuchungen von R. WALDAPFEL. Sie zielen auf die Beantwortung der Frage hin: Kann man irgend einen Faktor ermitteln, der den Bakterien ihre Entfaltung und die Entwicklung ihrer Kräfte ermöglicht? Läßt sich ein solcher Faktor objektivieren, so muß dies im allerersten Beginn der Angina am ehesten ermöglicht werden können. Der Weg, den WALDAPFEL beschreitet, ergibt sich aus dem Studium des Verhältnisses von Anginastreptokokken, Krankenfrühserum bzw. -Blut und Tierpathogenität der Erreger. Es konnten 4 Fälle untersucht werden, bei denen eine ausgesprochene Angina noch nicht vorlag, und sich erst während der Beobachtung entwickelte. Mäuseinfektionen mit Anginastreptokokken haben bisher ergeben, daß diese Streptokokken zu den mindervirulenten gehören. Hiernach töten frische Bouillonkulturen, bis 1 ccm injiziert, Mäuse erst in 8 bis 10 Tagen oder sind überhaupt nicht pathogen. Es zeigte sich nun, daß die im Blute oder Serum der Patienten gezüchteten Streptokokken eine hochgradig gesteigerte Virulenz für Mäuse besaßen, eine Virulenz, welche die in Normalblut oder auf Bouillon gezüchteten Stämme nicht aufwiesen. Während ferner das Patientenblut selbst keine krankmachende Wirkung auf Mäuse hatte, gelang es, Mäuse, denen 6 Stunden vorher dieses Blut injiziert wurde, mit Bouillonkulturen des Patienten in viel kürzerer Zeit zu töten, als es die Bouillonkulturen allein vermochten. Diese Eigenschaft des Patientenblutes nahm in kurzer Zeit ab. Die geringe Zahl der interessanten Versuche läßt weitere Bestätigung erwünscht erscheinen. Aber selbst, wenn sie sich bestätigen, hat man sich die Frage vorzulegen: Ist dieses Aktivierungsvermögen für Streptokokken Ursache oder nicht schon Folge, gewissermaßen eine erste Manifestation der Anwesenheit des Streptokokkus in dem befallenen Organismus? Es darf nicht übersehen werden, daß da in 2 der Fälle die Tonsillitiden infolge von Naseneingriffen auftraten, eine Streptokokkenansiedlung als vorausgegangen anzunehmen ist. Bei den beiden übrigen Patienten bestanden zwar noch keine Fiebererscheinungen, aber gewisse erste Symptome, die den Patienten, welche mit Anginen Bescheid wußten, das Nahen der Krankheit, biologisch gesprochen, bereits das Bestehen des Infektes, anzeigten.

Die Frage nach dem „zweiten Faktor" neben den Streptokokken, nach „der Augenblickskonstitution", der „Disposition des Organismus" bleibt also noch weiter bestehen und wird die experimentelle Pathologie zu beschäftigen haben, und zwar in zweifacher Form, als Frage des Gesamtorganismus und des Einzelorgans.

Die Entstehung einer sporadischen „Erkältungsangina" läßt sich vielleicht zweckmäßig mit derjenigen einer sporadischen

Pneumonie vergleichen. Die Pneumonie kann als Symptom einer Infektion mit Pest oder Milzbrand auftreten, oder wie bei der letzten großen Grippeepidemie durch das invisible Virus der („spanischen") Grippe verursacht sein, und sekundär durch die nachträgliche Intervention von Streptokokken ein ganz charakteristisches, jedem Pathologen auf den ersten Blick erkennbares und vertrautes Gepräge erhalten. Fällt aber eine vorher gesunde Person ins Wasser und zieht sich eine Pneumonie zu, so liegen die Verhältnisse anders. Wir wollen nicht annehmen, daß eine lokale Beförderung des pneumonischen Prozesses durch eine örtliche Schädigung mit infiziertem Wasser eingetreten ist, sondern lediglich, daß eine allgemeine Verkühlung auf reflektorischem oder anderem nicht näher definierbarem Wege die Krankheitsbereitschaft der Lunge bewirkte. In diesem Falle müssen Bakterien, die schon vorher im Organismus oder auf seinen Oberflächen vorhanden waren, durch einen noch unbekannten Mechanismus in die Rolle von Angreifern des Organismus versetzt sein, — der Fall der **Selbstinfektion** mit den gerade vorhandenen und geeigneten Erregern! Diese sind daher bald Pneumokokken, bald Streptokokken, bald noch andere Bakterien, je nach der „Einstellung" des Organismus und seines Parasitismus.

Eine analoge Multiplizität der Pathogenese haben wir für die Anginen anzunehmen. Wir sind deshalb auch nicht in der Lage, einer Angina ohne weiteres anzusehen, ob sie übertragbar ist oder nicht.

Interessant ist in dieser Hinsicht ein Selbstversuch von Waldapfel. Dieser Autor injizierte sich 20 ccm defibriniertes Blut eines hochfiebernden Anginakranken intravenös in die Armvene und rieb sich einen Tag darauf einen mit einem Wattebausch gewonnenen Abstrich der kranken Tonsille nach vorheriger Ritzung in die eigene Tonsille ein.

Der Selbstversuch verlief negativ. Beim Patienten dagegen schloß sich an die Angina ein Erythema exsudativum multiforme und gleichzeitig ein akuter Gelenkrheumatismus an, der erst nach mehreren Wochen zur Ausheilung kam.

Das Auftreten dieser Serie von Symptomen legt es meines Erachtens nahe, anzunehmen, daß hier von vornherein ein von den banalen abweichender spezifischer primärer Infekt vorgelegen hat, dessen erste Manifestation eine Angina war. Da der Experimentator selbst offenbar nicht empfänglich für den sicherlich nicht leicht übertragbaren Infekt war, so verlief der Versuch im negativen Sinne. Mit Scharlach- oder Grippeangina oder einer sonstigen infektiösen Form wäre der Versuch beim nicht immunen Menschen wahrscheinlich anders abgelaufen.

Pathologische Anatomie.

Die Histologie des akuten Mandelinfektes wird von ANTHON und KUCZYNSKI folgendermaßen beschrieben:

Man findet Hyperämie besonders subepithelial an der Oberfläche wie im Bereiche der Krypten. Sie befällt die Mandel nicht immer gleichmäßig, sondern ist oft genug deutlich fokal gruppiert. An diesen Stellen findet man eine charakteristische Ansammlung und Diapedese von neutrophilen Leukocyten, die dem Epithel zustreben und es zugleich einzeln und in Gruppen durchsetzen. Das Oberflächenepithel kann dabei nicht allein wohl erhalten sein, sondern noch Mitosen aufweisen. In der Kryptenwand wird das Bild verwickelter, indem stellenweise stärkere lymphocytäre Auflockerungen des epithelialen Verbandes bereits vorliegen. Neben starken Verdünnungen der Epitheldecke können Epithelzapfen tief in das Lymphgewebe eindringen. Bei stürmischer Entzündung kommt es im Epithel zur Bildung von Bläschen mit eiweißreichem, gerinnenden Exsudat und spärlichen Leukocyten, besonders zuweilen in den obersten Schichten. Epithelzellen gehen dann zugrunde und mischen sich bei. Bilder der ballonierenden Degeneration UNNAs sind nicht selten.

Sehr aggressive Infektionen mit hämolytischen Streptokokken führen gleichzeitig an vielen Stellen zu vollständigen Epithelnekrosen, häufig zugleich mit subepithelialen, in Abscedierung übergehenden Nekrosen durch Keimtransport. Während sich im oberflächlichen Exsudat die Keime in Menge finden können, ist ein Nachweis im Gewebe schwierig, meist unmöglich, wenn wir von jenen öfter angetroffenen Fällen absehen, wo sich bereits mikroskopisch eine beginnende Abscedierung innerhalb der Mandel feststellen ließ.

In einer ausführlicheren Bearbeitung unterscheidet A. DIETRICH pathologisch-anatomisch erstens Entzündungen mit Ausbreitung in der Oberfläche, zweitens solche mit Ausbreitung ins Gewebe und drittens schwere zerstörende Entzündungen.

Die **Entzündungen mit Ausbreitung in der Oberfläche** leitet er mit der akuten katarrhalischen Entzündung ein. Sie beginnt, so führt er aus, an umschriebener Stelle mit Auflockerung und Abstoßung des Epithels, besonders im Winkel einer Krypte, verbunden mit wechselnder seröser Exsudation und Leukocytenauswanderung. DIETRICH spricht von einem „katarrhalischen Primärinfekt", den man z. B. bei Grippe findet. Bei weiterer Ausbreitung über die Tonsille gesellen sich allgemeine Schwellung und Leukocytenauswanderung um die Gefäße des lymphatischen Gewebes, auch Follikelveränderungen dazu (Kernteilungen, Verfettung, regressive Umwandlungen). Weiterhin kommt es zur Ausfüllung der Krypten mit dem katarrhalisch-leukocytären Exsudat, das als Pfröpfe bis an die Oberfläche treten kann. Fibrinbeimengung kann sich einstellen, und das Bild der lakunären Tonsillitis ist fertig.

Eine **bläschenförmige** (vesikuläre, herpetische) Tonsillitis kommt zustande durch umschriebene Abhebungen in der basalen Epithelschicht.

Die **pseudomembranösen** Entzündungen schließen sich an die katarrhalischen durch verstärkte Gerinnungsfähigkeit des Exsudates an, unter Erhaltung der basalen, nicht abschilfernden Epithelschicht.

Im Gegensatz hierzu geht die **fibrinös-membranöse** Entzündung mit Nekrose und Abstoßung der gesamten Epithellage und fibrinöser Exsudation einher. Das lymphatische Gewebe nimmt durch fibrinöse Exsudation in den Follikeln, auch Nekrosen, abgesehen von den allgemeinen entzündlichen Begleiterscheinungen, teil.

Bei der **verschorfend-membranösen** Form steht die Nekrose im Vordergrund. DIETRICH spricht hier von einem „verschorfenden Primärinfekt" und führt auch hier wieder das Beispiel der Grippe an. Er beschreibt, daß schon kleine frische Herdchen in einer Krypte kernlose, schollig gequollene und zusammengesinterte Epithellagen ohne Leukocyten und Fibrin aufweisen können. Die Schorfbildung schreitet dann im Kryptenepithel weiter und erfaßt auch die darunter liegenden Schichten des lymphatischen Gewebes. Fibrin und Leukocyten können beigemischt sein oder fehlen.

Bei **Entzündungen mit Ausbreitung ins Gewebe** spricht DIETRICH von einem „ulcerösen Primärinfekt". Es findet sich eine kleine trichterförmige Lücke im Epithel, aus der Leukocyten ausströmen, und man sieht die Bakterien bereits in der oberflächlichsten lymphatischen Schicht. Eine ausgedehnte ulceröse Entzündung kommt durch Erweiterung des Prozesses der Fläche nach zustande. DIETRICH ist der Ansicht, daß der ulceröse Primärinfekt den Erregern den Weg in die Tiefe eröffnet.

Zu einer phlegmonösen Tonsillitis kommt es, wenn die Krankheitskeime weiter in die Gewebsspalten eindringen und eine eitrige Durchsetzung bewirken. Die Infiltrationsstraßen führen zwischen den Follikeln hindurch oder in sie hinein, die durch Kernzerfall infektiös-toxisch geschädigt erscheinen.

Im weiteren Verlauf kommt es zu umschriebener eitriger Einschmelzung, abscedierender Tonsillitis. Es werden unterschieden Follikelabscesse, perilakunäre und peritonsilläre Abscesse. Die letzteren, welche außerhalb der Tonsillenkapsel liegen, gehen nach DIETRICHs Überzeugung von primären Infektionen der Tonsillen selbst aus, die mit phlegmonösen Ausläufern bis ins peritonsilläre Gewebe vorgedrungen sind.

Als **schwere zerstörende Entzündungen** definiert DIETRICH solche, welche sich auszeichnen durch Ausbreitung in der Fläche und in die Tiefe unter Überwiegen der Gewebsnekrose. Die Nekrose betrifft alle Gewebsschichten, die oberflächlich nur zerfallene Massen und Kernbröckel erkennen lassen, darunter eine Schicht mit strotzend gefüllten Gefäßen und Blutungen. DIETRICH ist der Ansicht, daß die tiefverschorfende Entzündung eine Herabsetzung des Gewebswiderstandes oder der allgemeinen Körperabwehrkräfte zur Voraussetzung hat. Als Beispiele führt er an: Grippe, Leukämie u. a.

Eine besondere Stellung gibt DIETRICH der PLAUT-VINCENTschen Angina, bei der es außer der Nekrose zu zundrig-jauchigem Zerfall kommen kann.

Die Einteilung der akuten Entzündung der Tonsillen ist hier nach der Schwere der pathologisch-anatomischen Veränderung zur Darstellung gebracht. Die klinische Beurteilung hat natürlich, wie DIETRICH selbst ausführt, noch andere Gesichtspunkte zu berücksichtigen.

Erwähnenswert sind noch neuere interessante hat natürlich, n über die normale und pathologische Anatomie der Gewebswiders HEIBERG, welche sich insbesondere mit der Frag noch andere tativen Verhältnisses von diffusem lym der akuten

Gewebe und Keimzentren zueinander befassen. Die Hauptfunktion der Keimzentren ist nach Heiberg die Zerstörung der Lymphocyten. Bei normaler Vitalität enthalten sie in regelmäßigen Abständen verstreut Phagocyten. Die Größe der letzteren ist bis zu 30:22 μ und übertrifft diejenige aller anderen Zellen der Keimzentren. Die mehrkernigen Phagocyten entstehen durch Zusammenfließen einkerniger Zellen. Im unmittelbaren Anschluß an einen akuten Mandelprozeß besteht gegenüber der Norm ein quantitatives Mißverhältnis zwischen diffusem adenoidem Gewebe und Keimzentren, deren Zeichnung oft verwischt ist. Im Falle einer 22jährigen Person, bei der die letzte Angina drei Wochen vor der Exstirpation der Tonsillen lag, war das Verhältnis 10/1, in einem zweiten Falle eine Woche nach Ende der Angina 11/1, in einem dritten Falle acht Tage nach akuter Angina 30/1. Dagegen betrug bei hypertrophischen Tonsillen ohne kürzlich vorangegangene Angina das Verhältnis zwischen diffusem adenoidem Gewebe und Keimzentren 3/1, bzw. in einem anderen Falle 6/1, bei weiteren normalen Tonsillen 5/1. **Stark entwickelte Keimzentren von frischem Aussehen bei wenig hervortretendem diffusem adenoiden Gewebe sprechen gegen akute Anfälle in größerer Nähe des Exstirpationszeitpunktes der Tonsillen.** Heiberg beschreibt auch einige Fälle mit besonders kleinen Keimzentren und nimmt an, daß hier eine Gesamtneubildung der meisten vermutlich kurze Zeit vorher stattgefunden hat.

Allgemeine Therapie der Tonsillitiden.

Bei der Behandlung der Anginen gehen wir mit Fein von der Vorstellung aus, daß wir bei der Angina nicht lediglich eine oberflächliche Entzündung vor uns haben, sondern eine parenchymatöse Erkrankung des ganzen Organs, keine lokale, sondern eine Allgemeinerkrankung. Ein Teil der therapeutischen Maßnahmen hatte bisher die Behandlung der Oberfläche der Tonsillen und der Lakunen zum Ziel. Hierzu standen chemische Mittel zur Verfügung, desinfizierende oder adstringierende Substanzen, die als Gurgelwässer, Zerstäubungsflüssigkeiten, Pulver oder Pastillen angewandt wurden.

Die mechanischen Methoden gingen darauf hinaus, Beläge mit den verschiedensten Instrumenten, Pinseln, Wattebäuschchen, Kornzangen, Saugglocken usw. zu entfernen. Gegen alle diese

Methoden wird mit Recht geltend gemacht, daß die Entfernung der Beläge ohne positiven Nutzen ist, und des weiteren, daß die Bekämpfung der Mikroorganismen von der Oberfläche her aus rein anatomischen Gründen wenig positive Aussichten bietet. Wir sind außerstande, alle in den tiefen Falten und Buchten liegenden Keime zu erreichen. Der Verdünnungsgrad der angewandten Desinfektionsflüssigkeiten und die kurze Zeit der Einwirkung lassen eine wirksame Vernichtung der Bakterien nicht zu. Das Wort „Scheindesinfektion" ist durchaus berechtigt.

FEIN überlegt sogar, ob nicht die Anwendung eines Teiles der lokalen Methoden sogar als schädlich bezeichnet werden muß. Es wird vor allem angeführt, daß Speichel und Schleim in ihrer physiologischen baktericiden Wirkung durch eingebrachte Desinfektionsflüssigkeit beeinträchtigt werden. Er glaubt, daß Pastillen noch am ehesten auf indirektem Wege durch Förderung der Speichelsekretion wirken. Mechanische Eingriffe verstoßen gegen den allgemeinen Grundsatz, den man bei der Behandlung akut entzündlicher Prozesse nicht außer acht lassen soll, die Ruhigstellung der erkrankten Teile.

Da wir keine Methode kennen, um eine beginnende Tonsillitis durch eine lokale Behandlungsform zu coupieren, so hat diese im wesentlichen darin zu bestehen, daß man Schädlichkeiten fernhält und Antiphlogose oder Hyperämie zur Anwendung bringt.

Halsumschläge beim einen kühl, beim anderen warm appliziert, sind symptomatisch günstig. Die Anwendung von Eisstückchen, die man im Munde zergehen läßt, oder von Speiseeis, das man genießt, wirkt vielfach wohltuend.

Zur Linderung der Schluckschmerzen können ferner Mentholtabletten, RITSERTS Anästhesintabletten oder auch cocainhaltige Pastillen verordnet werden. Bei BRÜNINGS finden sich folgende Rezepte:

Rp. Anaesthesini 0,5	Rp. Cocain. hydrochlor, 0,02—0,04
Natr. bicarb. 2,5	Antipyrini 2,0
Gummi arabici 0,5	sach. vanillisat. 20,0
Sirup. simpl. q. s. ut f.	Sirup. simpl. q. s. ut f.
pil. Nr. 25.	trochisci Nr. 10

Zum Gurgeln ist warmer Tee zu empfehlen, Kamillentee, chinesischer Tee. Das beliebte Gurgeln mit Wasserstoffsuperoxyd hat für den Arzt das Unangenehme, durch die entstehende Schaumbildung die Inspektion der Rachenteile zu erschweren. Schwach adstringierenden Lösungen (Tee, essigsaure Tonerde) ist im übrigen eine gewisse chemisch-physikalische Wirkung auf die entzündete Schleimhaut nicht abzusprechen.

Nicht zu vernachlässigen ist die Allgemeinbehandlung. Bei nicht zu hohem Fieber können allgemeine Schwitzprozeduren nützlich sein, speziell in Form der elektrischen Lichtbügelbäder. Besonders im Beginn der Tonsillitis ist die Anwendung von energischen Dosen Pyramidon, Aspirin, Antipyrin und dergleichen zu empfehlen.

Ferner kommen in Betracht kombinierte Mittel wie die Gelonida antineuralgica, Gardan u. a.

Alle Erfahrungen sprechen dafür, daß die antipyretische Therapie im ersten akuten Beginn der Angina das pathologische Geschehen in einer noch nicht näher definierbaren Form hemmt und also heilend auf die Entwicklung des Krankheitsprozesses einwirkt. Unter den neueren Mitteln ist noch besonders das Novalgin zu nennen, welches zur Reihe des Antipyrins gehört. Es wird in Tabletten zu 0,5 und in Ampullen von 1 und 2 ccm mit 0,5 und 1,0 g Novalgin angewandt. Es hat eine ausgesprochen beruhigende und schmerzlindernde Wirkung. Die sehr erheblichen Schluckschmerzen bei Tonsillarabscessen erfahren, wie auf meiner Abteilung H. Consbruch feststellen konnte, eine erhebliche Besserung, so daß man die Anwendung des Morphins sparen kann, die bei paratonsillären Abscessen oft nicht zu umgehen ist.

Die Morphindosierung muß bei Schwerkranken mit Vorsicht gehandhabt werden. Ich beschrieb in den therap. Monatsheften (15. Oktober 1920) den Fall von „Pseudomoribundsein" einer 22jährigen Halskranken, der sich nach 0,015 Morphin. hydrochlor. per os entwickelte. Die Erscheinungen bestanden in Cyanose, stockender Atmung, Bewußtlosigkeit, Reaktionslosigkeit gegenüber Anrufen und Anfassen, Engigkeit und schwacher Reaktion der Pupillen. Durch energische Hautreize und Atropinanwendung wurde der Zustand behoben.

Im weiteren Krankheitsverlauf können intravenöse Melubrininjektionen (50%ig) in der Dosis von 4—6 ccm von Nutzen sein.

Zur Feststellung des Anwendungsbereiches „umstimmender" Mittel, wie Omnadin, Aolan u. a. bedarf es noch weiterer Erfahrungen.

In Zuständen von schwerer Inanition bei gestörter Nahrungsaufnahme per os kann man mit 4%iger Traubenzuckerlösung in physiologischer Kochsalzlösung als Tropfklysma rectal Hilfe schaffen. Wirksamer ist die intravenöse Applikation von mehreren Hundert Kubikzentimetern 10%iger Caloroselösung oder 25% Dextrose, ein- bis zweimal täglich.

Bei bestehender Disposition zu häufigen Anginen empfiehlt sich bei Kindern mit hypertrophischen Tonsillen Resektion, bei Erwachsenen Enukleation der Mandeln. Es ist aber, insbesondere mit FALTA und DEPISCH, im Auge zu behalten, daß bei Nephritiden, Endokarditiden und Gelenkrheumatismen Verschlimmerungen des internen Leidens nach erfolgter Tonsillektomie keineswegs selten beobachtet wurden.

Spezieller Teil.

Diphtherie.

Bakteriologie.

Die Diphtheriebacillen sind bekanntlich Stäbchen, die unter verschiedenen Voraussetzungen eine verschiedene Gestalt zeigen. Besonders charakteristisch sind die längeren Formen, welche nach einem Ende zu eine leicht keulenförmige Verdickung aufweisen. Man sieht sie in der Kultur wie im Gewebe palisadenartig nebeneinander, regellos übereinander oder in kreuzweiser Lage (Trommelschlägerform). Bei NEISSER-Färbung (Methylenblau-Bismarckbraun) findet man die kontrastgefärbten BABES-ERNSTschen Körperchen, die eine differentialdiagnostische Bedeutung besitzen.

Man unterscheidet heute drei morphologisch nicht sicher trennbare Diphtheriebacillenformen, deren nähere Beziehung zueinander weiter unten besprochen werden soll.

KLEBS-LÖFFLERsche Diphtheriebacillen,
Paradiphtheriebacillen,
Pseudodiphtheriebacillen.

Die Unterscheidung der drei Formen ermöglicht sich auf Grund der Feststellung des Säurebildungsvermögens auf verschiedenen Nährsubstraten nach LUBINSKI folgendermaßen:

	Säurebildung nach 24 Stunden							
	Dextrin	Galaktose	Glucose	Glycerin	Lactose	Lävulose	Mannose	Saccharose
Diphtheriebacillen	−	+	+	−	−	+	+	−
Paradiphtheriebacillen	−	+	+	−	+	+	+	+
Pseudodiphtheriebacillen	−	−	−	−	−	−	−	−

Was zunächst die weniger bekannte mittlere Gruppe der **Paradiphtheriebacillen** betrifft, so wurden diese besonders häufig auf Wunden gefunden. Im Verlaufe seiner hierauf gerichteten Spezialuntersuchungen fand LUBINSKI von 105 Wundabstrichen 18 mit Diphtheriebacillen behaftet, von denen sich 10 als für Meerschweinchen toxisch erwiesen. 46 mal wurden Paradiphtheriebacillen gefunden, die, wie er ausführt, wahrscheinlich für Menschen ungefährlich sind und keine für Meerschweinchen wirksamen Toxine bilden. Daraus ergibt sich, wie nebenbei bemerkt sein mag, daß bei der Frage der Wunddiphtherie die gewöhnliche einfache bakterioskopische Methode auch mit Kultur vollständig versagt.

G. RIEBOLD, der sich in einem neueren Übersichtsreferat kritisch mit den wichtigsten Fragen der Bakteriologie und Immunobiologie der Diphtherie beschäftigt, kommt zu dem Resultat, **daß die LÖFFLERschen Bacillen mit den Pseudodiphtheriebacillen und anderen ähnlichen Keimen identisch sind.** Dieser besonders von SCHANZ verfochtene und auch von LÖFFLER und ROUX anerkannte Standpunkt ist, wie er ausführt, noch nicht zu allgemeiner Anerkennung gelangt. Für das Auftreten der ERNSTschen Körperchen in der Kultur werden 9 Stunden, von anderen 14 bis 16 Stunden, schließlich 20 bis 24 Stunden als Zeitmaß für die Berechtigung, echte Diphtherie zu diagnostizieren, verlangt. Auch die erhöhte Säureproduktion gilt bekanntlich als Unterscheidungsmittel. Demgegenüber steht die Auffassung, daß die aus einer echten Diphtheriemembran gezüchteten Bacillen infolge der besonderen Eigenart ihrer Herkunft erhöhte Vitalität besitzen, welche sich im frühen Auftreten der metachromatischen Körnchen und der vermehrten Säurebildung dokumentiert. **Einen Beweis für die Richtigkeit der unitarischen Standpunktes** bildet der Nachweis, **daß die pathogenen oder giftigen Diphtheriebacillen unter gewissen Voraussetzungen ihre Giftigkeit verlieren,** während weniger giftige Stämme wieder starke Giftigkeit erlangen können.

Nichtsdestoweniger ist mit Recht großer Wert auf den **Nachweis der Giftigkeit der Diphtheriebacillen im Tierexperiment** gelegt. In der Tat findet man regelmäßig bei echter schwerer Diphtherie hochgiftige Formen. Indessen kommen diese auch bei klinisch ganz leichten Fällen vor und endlich auch auf ganz gesunden Schleimhäuten. Nicht anders liegen die Verhältnisse bei der Wunddiphtherie. Man findet hochgiftige Stämme nicht nur bei der typischen Wunddiphtherie mit schweren allgemeinen toxischen Erscheinungen, wie Polyneuritis usw., sondern, wie bereits ausgeführt, auch bei völlig harmlosen, unverdächtigen Wunden. Es ergibt sich also, daß auch der Nachweis starkgiftiger Diphtheriebacillen im konkreten Fall die Pathogenität der Erreger nicht absolut sicherstellt, wenn auch hochgradig wahrscheinlich macht. Erst der gleichsinnige Ausfall aller klinischen und bakteriologischen Daten sichert die Diagnose des Falles im wissenschaftlichen Sinne endgültig. Es muß, wie bei der Identifizierung eines chemischen Körpers alles „klappen".

Experimentelle Pathologie.

Für die experimentelle Pathologie der Diphtherie ist es wichtig festzustellen, daß Diphtherie bei Tieren nicht vorkommt. Spontanübertragungen von Menschen auf Haustiere sind nicht beobachtet. Es gelingt zwar, wie ich der Zusammenstellung SCHELLERS entnehme, durch Scarifikation der Schleimhaut mit nachträglicher Diphtheriebacilleninfektion Membranbildung auf der Rachenschleimhaut von Affen, Hühnern, Tauben zu erzielen, ferner beim Kaninchen durch Infektion der geöffneten Trachea mit Diphtheriebacillen typische Membranbildung herbeizuführen, auch eine der menschlichen ähnliche Conjunctivaldiphtherie zu erzeugen, indessen fehlt bei all diesen Versuchen die für die menschliche Diphtherie charakteristische Tendenz der Membranen zur Ausbreitung. Erwähnenswert ist, daß bei Tieren, die nicht akut sterben, auch Lähmungen nach Diphtheriebacilleninjektion zur Beobachtung kommen.

Zur Feststellung der Tierpathogenität verwendet man das Meerschweinchen. Von einer 24stündigen zuckerfreien Bouillonkultur werden 0,5—1 ccm — meistens genügen bereits 0,01 ccm — subcutan unter die Bauchhaut injiziert. Die nach 12—24 Stunden eintretenden Krankheitszeichen bestehen in Freßunlust, Sträuben der Haare, Kälte der Tiere, Schwellung und Schmerzhaftigkeit der Injektionsstelle. Die Schwellung nimmt weiter zu, und unter Gewichtsabnahme, Temperaturabfall und meist unter dyspnoischen Erscheinungen geht das Tier nach 2—4 Tagen ein. Der Obduktionsbefund ist charakteristisch: Man findet an der Injektionsstelle ein grau-weißes Infiltrat mit Rötung der Umgebung,

Nekrose der Subcutis, sowie ein hämorrhagisch-sulziges Ödem des Unterhautzellgewebes am ganzen Bauch, hämorrhagische Infiltration und Schwellung der Lymphdrüsen am Halse, in der Achselhöhle und in der Schenkelbeuge, seröses oder hämorrhagisches Exsudat im Abdomen, meist auch in Pleuren und Perikard. Außer der Hyperämie der inneren Organe, welche auch Blutungen aufweisen, sind besonders Hyperämie und Hämorrhagien der Nebennieren charakteristisch. Bei schwach virulenten Diphtheriebacillenstämmen kann es an der Injektionsstelle zur Geschwürsbildung kommen. Typische Lähmungen treten bei ganz vereinzelten Kulturen nach der Injektion auf. Bemerkenswert ist, daß Tierpathogenität und Virulenz für den Menschen nicht immer parallel gehen. Man kann in schwersten Fällen schwach tierpathogene Stämme finden, während die von leichtesten Diphtherien oder gesunden Bacillenträgern gewonnenen Stämme hohe Tierpathogenität zeigen können. Auch bei ein und demselben Krankheitsfall und bei ein und demselben Bacillenträger können die verschiedenen Stämme verschiedene Pathogenität aufweisen. Für die Diagnose „Diphtheriebacillen" sind die charakteristischen Erscheinungen der Meerschweinchenpathogenität beweisend, nicht aber der Grad der Pathogenität.

Im praktischen Gebrauch zur Identifizierung virulenter Diphtheriebacillen ist besonders die von RÖMER eingeführte Intracutanreaktion. Virulente Stämme rufen noch in Dosen von $1/100-1/1000$ Öse einer 24 stündigen Löfflerserumkultur in der Haut des Meerschweinchens nach 24 Stunden starke Rötung und ödematöse Schwellung der Impfstelle hervor. In den nächsten Tagen folgt an der Stelle Haarausfall und je nach der verabfolgten Giftmenge mehr oder weniger ausgedehnte Nekrose der Haut. Der Versuch wird nach M. NEISSER in folgender Weise ausgeführt: Bei einem Meerschweinchen werden vier Stellen der Bauchhaut mit Calciumhydrosulfid enthaart, drei davon zur quantitativen Virulenzprüfung, eine zur Antitoxinkontrolle. Dann werden Verdünnungen von je einer Öse 24 stündiger Löfflerserumschrägkultur in 10 ccm, 100 ccm und 1000 ccm physiologischer Kochsalzlösung hergestellt. Von diesen Verdünnungen werden je 0,1 ccm intracutan eingespritzt. Die vierte Stelle erhält 0,05 ccm der stärksten Konzentration und etwa $1/2$ I.E., ebenfalls in 0,05 ccm enthalten. Prüft man nur qualitativ, so wird man nur 0,1 ccm der $1/10$ Ösenverdünnung verwenden.

Man nimmt bekanntlich an, daß die Allgemeinerscheinungen der Diphtherie durch ein von den Bacillen sezerniertes Toxin verursacht werden. Eine Reindarstellung des Diphtheriegiftes ist bisher nicht gelungen. Die Giftbildung der Diphtheriebouillonkultur hängt teils vom Stamm, teils von Züchtungsbedingungen ab. Es sind bereits 1—2 tägige Diphtheriebouillonkulturen toxisch, indessen liegt der Höhepunkt der Toxinbildung zwischen dem 6. und 21. Tag. Die Darstellung des für experimentelle Zwecke gebrauchten Diphtheriegiftes soll hier nicht besprochen werden. Es sei nur erwähnt, daß die Injektion einer tödlichen Dosis vorübergehende Temperaturerhöhung hervorruft, welcher Abfall der Temperatur unter die Norm folgt. Nach 8—12 Stunden treten am Injektionsorte Erscheinungen auf, wie bei der Injektion von Diphtheriebacillen. Auch Haarausfall an der Injektionsstelle ist charakteristisch. Der Sektionsbefund der eingegangenen Tiere entspricht dem nach Diphtheriebacilleninjektion erhobenen.

Nach untertödlichen Dosen kann man zwischen dem 10. und 30. Tag Lähmungen auftreten sehen, die an den Hinterbeinen beginnen, Vorderbeine, Thorax und Zwerchfell ergreifen und den Tod durch Ersticken herbeiführen. Die bei der Diphtherietoxinvergiftung auftretende Blutdrucksenkung wird nach der Darstellung SCHELLERs durch die Schädigung des Herzmuskels herbeigeführt. Für die Wirkung auf das Nervensystem ist es noch strittig, ob nur eine Giftkomponente, das Toxon schuld ist.

Klinik der Diphtherie.

Die Krankheit setzt nach einer Inkubationszeit von etwa 2—5 Tagen in einem Teil der Fälle mehr schleichend ein. Prodromale Symptome, wie Mattigkeit, Unlust, Schnupfen, Appetitlosigkeit gehen den eigentlichen Halsbeschwerden voraus. In anderen Fällen ist der Beginn akut, mit Schüttelfrost, Fieber, Erbrechen und Kopfschmerzen. Die Halsbeschwerden entwickeln sich allmählich. Die Schleimhaut der Rachenteile ist gerötet. Auf einer oder beiden Mandeln findet man rundliche, linsengroße oder streifenförmige Beläge von grauweißer Farbe mit Nuancen ins Gelbliche oder Grünliche. Die Lokalisation ist in der Regel nicht, wie im Beginn der einfachen Tonsillitis, an die Krypten gebunden. Die im weiteren Verlauf zusammenfließenden und dann der Unterfläche fest anhaftenden Beläge sind von einer mehr oder weniger entzündlich geschwollenen Reaktionszone umgeben, die in einzelnen Fällen auffällig gering entwickelt sein kann. Besonders charakteristisch für die Löfflerdiphtherie ist die Mitbeteiligung von Uvula, weichem Gaumen, Gaumenbögen und anderen Teilen der Mundrachenhöhle, schließlich auch des Kehlkopfes und der tiefer liegenden Gebiete, sowie ferner der Nasenschleimhaut und in seltenen Fällen der Augenbindehaut. Der „diphtherische" Mundgeruch ist sehr bezeichnend, kommt aber zum Verwechseln ähnlich auch bei anderen mit Nekrose einher gehenden Prozessen vor. Sehr regelmäßig besteht eine schmerzhafte Kieferwinkeldrüsenschwellung. Der Puls pflegt stärker als der Temperatur entsprechend beschleunigt zu sein. Zeichen einer mehr oder weniger ausgesprochenen Herzdilatation sind häufig. Eine fühlbare Milzvergrößerung ist zumal bei erwachsenen Diphtheriekranken nicht häufig. Primär palpable Leberschwellung gehört meist nicht zum Bilde der Diphtherie, dagegen kann

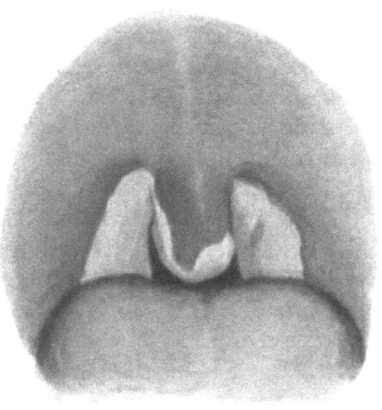

Abb. 1. Lokalisierte membranöse Rachendiphtherie.
(Nach JOCHMANN-HEGLER.)

sich im weiteren Verlaufe eine Stauungsleber entwickeln. Albuminurie und Zylindrurie sind häufig.

Bei hochtoxischer (maligner) Diphtherie ist das Krankheitsbild von vornherein bösartiger. Alle Symptome sind gesteigert. Die Gesichtsfarbe ist blaß und es besteht leichte Cyanose der Lippen. Die befallenen Rachenteile zeigen infolge weiter um sich greifender Nekrosetendenz neben den mit Membranen bedeckten Teilen blaugrünliche, schwärzliche Verfärbung des Gewebes. Der Belag selbst bekommt eine dunklere Farbe, schmierigen Charakter und wird ausgesprochen übelriechend. Die Lymphdrüsen am Halse sind stärker geschwollen und auch die weitere Umgebung derselben kann an der entzündlich-ödematösen Schwellung teilnehmen. Die Beteiligung der Nase macht sich durch die Entleerung von ebenfalls übelriechendem Sekret bemerkbar. Die Zunge ist trocken und rissig. Es besteht ausgesprochene Inkongruenz zwischen Fieber und Pulsfrequenz. Während ersteres nicht sehr hoch ist, wird der Puls bald sehr frequent und klein bei herabgesetztem Blutdruck. Als weitere ungünstige Symptome sind Erbrechen und andere heftige gastrointestinale Störungen anzusehen, wie Diarrhöen, Leibschmerzen und Meteorismus. Die Atmung kann erhöht sein, auch ohne Gegenwart einer Pneumonie. Leber und Milz können vergrößert nachweisbar werden. Häufig entwickelt sich infolge allgemeiner Blutgefäßschädigung eine hämorrhagische Diathese. Petechien, Vibices und andere Symptome treten auf, teils spontan, teils infolge geringfügiger Traumen, wie Druck, Stauung, Injektion, Venenpunktion. Tödlicher Ausgang ist häufig, oft in wenigen Tagen, meist unter den Zeichen oft plötzlich zunehmender Herzschwäche und Gefäßnervenlähmung, zuweilen unter Krämpfen.

Die am raschesten, innerhalb 2 bis 3 Tagen zum Tode führenden Fälle werden als Diphtheria gravissima oder fulminans bezeichnet. Zwischen leichtesten und schwersten Formen der Diphtherie bestehen alle Übergänge.

Es kann wohl keinem Zweifel unterliegen, daß der Charakter der Diphtherie im Laufe der Zeiten eine ganz wesentliche Milderung erfahren hat. Die maligne oder fulminante Diphtherie ist jedenfalls in unserem Krankenhausmaterial recht selten. Die Diphtherietherapie kann nicht die alleinige Ursache dieser Wandlung sein, denn wenn man hochtoxische Fälle zur Beobachtung bekommt, ändern diese auch nach Serumapplikation nicht unvermittelt ihren Charakter. Die Wendung zur Besserung setzt sich mehr allmählich durch.

Schließlich ist zu bemerken, daß bei gehäuftem Auftreten der Krankheit in der unmittelbaren Umgebung von Schwerkranken immer auch Fälle beobachtet werden, bei denen die erfolgte Ansteckung lediglich zu einer katarrhalischen oder lacunären Tonsillitis führt, ohne daß an dem spezifischen Charakter der Affektion Zweifel bestehen.

Von FRITZ MEYER werden 3 Diphtherieformen unterschieden.
1. Die lokal begrenzte Form: schwache Infektion, geringe Giftbildung — widerstandsfähiger Organismus.
2. Die deszendierende Form: starke Infektion und Intoxikation — mäßiger Widerstand des Organismus.
3. Die hypertoxische Form: starke Infektion mit rapider Giftbildung — widerstandsunfähiger Organismus.

Der Abgrenzung der 3 Formen gegeneinander lassen sich allerhand klinische Bedenken entgegenhalten. Wir besitzen ein brauchbares Maß weder für die Virulenz des Bacillus, noch für den Widerstand des Organismus. Bekanntlich ist der Grad der Tierpathogenität mit der Pathogenität für den Menschen nicht identisch. Ferner gehen die Formen in einander über. Der gleiche Krankheitsfall kann zunächst an den Tonsillen unter den Zeichen der ,,schwachen Infektion, geringen Giftbildung, bei widerstandsfähigem Organismus" beginnen und nach einigen Tagen als deszendierende Form unter Übergreifen auf Kehlkopf, Trachea und die tieferen Teile den Tod herbeiführen.

Als septische Diphtherie werden bei F. MEYER anhangsweise solche Fälle genannt, die neben der Wirkung des Diphtheriebacillus an der Infektionsstelle und seinem Gifte, noch dem Einfluß septischer, d. h. die Blutbahn überschwemmender Bakterien unterliegen. Das können, wie F. MEYER meint, die Diphtheriebacillen selbst sein, meistens aber besteht eine Kombination von Diphtheriebacillen mit Strepto- oder Staphylokokken, welch letztere aus dem gangränös veränderten Pharynx stammen. Die Mortalität dieser Fälle wird auf $60^0/_0$ angegeben.

Es kann wohl keinem Zweifel unterliegen, daß die Schwere der ,,septisch" aussehenden Fälle einzig und allein durch die Toxizität der Diphtherieinfektion bedingt sein kann. Andererseits kann man mit JOCHMANN die Mitwirkung der Streptokokken für solche Fälle reklamieren, in denen diese intra vitam wie postmortal im Blute nachgewiesen werden.

Was des näheren die Beteiligung der einzelnen Organe bzw. Organsysteme betrifft, so steht unter den Komplikationen der Diphtherie die Schädigung des Kreislaufapparates an erster Stelle. Bei schwer toxischen Fällen kann, wie bereits erwähnt, der Tod schon in den ersten Tagen unter den Zeichen der nachlassenden Herzkraft, Blässe, Cyanose usw. erfolgen. Bei weniger rapidem Verlauf macht sich die Kreislaufstörung in ihren verschiedenen Phasen geltend. Der Puls läßt in Fülle und Spannung nach, zeigt Tendenz zu leichter oder schwererer Arhythmie. Der Blutdruck sinkt. Bei der perkutorischen Verfolgung der wahren Herzgröße nach MORITZ läßt sich auch ohne Orthodiagraphie die zunehmende Vergrößerung des Organs im Verlaufe weniger Tage konstatieren. Ein akzidentelles Mitralgeräusch, vermutlich auf Dehnungsinsuffizienz beruhend, ist häufig. Die Kreislaufinsuffizienz macht sich in ihren Folgeerscheinungen häufiger durch Leberschwellung als durch Ödem geltend.

Myokardschädigung und periphere Vasomotorenlähmung konkurrieren in ihrer schädlichen Wirkung. Leider bietet auch eine relativ frühzeitig und reichlich angewandte Serumtherapie keinen sicheren Schutz gegen den Herztod im Verlauf der 2. Woche bei befriedigendem lokalen Heilverlauf im Bereiche der Rachenorgane.

Als ominöse Zeichen sind ferner noch anzuführen Galopprhythmus, Leisewerden der Herztöne, Verlangsamung und Kleinerwerden des Pulses. Die Herztodesfälle können unerwartet plötzlich auftreten. Der vielfach geschilderte „blitzartige" Tod bei scheinbar ungeschädigtem Herzen gehört meines Erachtens zu den Seltenheiten.

In den Lungen kommt es, abgesehen von einfacher oder croupöser Bronchitis, häufig zu Pneumonien lobulärer oder croupöser Natur, die entweder echt diphtherischer Natur sind, oder ihre Entstehung sekundären Entzündungserregern verdanken. Fälle mit Pneumonie imponieren zuweilen auf den ersten Blick als durch Larynxstenose kompliziert, ohne daß ein entsprechender Befund zugrunde liegt.

Erscheinungen seitens der Nieren beschränken sich in den meisten Fällen auf diejenigen der febrilen Albuminurie. Zuweilen bildet sich eine stärkere Nephrose mit 8 bis 10 $^0/_{00}$ Eiweiß und reichlichem Gehalt an Zylindern, ohne Blutdrucksteigerung und, der Form entsprechend, ohne Gefahr einer azotämischen Urämie. Ödeme pflegen zu fehlen. Eigentliche hämorrhagische Nephritis ist selten.

Das ganz spezifisch der Diphtherie zugehörige Auftreten von Lähmungen nach Ablauf oder auch noch während des Persistierens der Rachenerscheinungen kommt zustande durch Degenerationsvorgänge in den betreffenden peripherischen Nervengebieten oder auch in den Muskeln selbst. Man kann Früh- und Spätlähmungen unterscheiden. Die ersteren beobachtet man sehr häufig bei schweren Diphtherien in Form einer schon in den ersten Tagen eintretenden Gaumensegellähmung, die sich durch näselnde Sprache und Zurückfließen von Flüssigkeit beim Trinken aus der Nase geltend macht. Die späteren, etwa 1 bis 2 Wochen nach Ablauf der Rachenerkrankung auftretenden Lähmungen betreffen die Augenmuskeln, speziell die Akkommodation, Stimmbänder, Rumpf- und Extremitätenmuskeln, besonders Nacken- und Bauchdeckenmuskeln, auch Ataxie des Rumpfes und der Beine wird häufig beobachtet. Noch schwerwiegender sind Schlinglähmungen und Lähmungen der Atmungsmuskulatur, speziell des Zwerchfells, von denen die letzteren nicht selten Todesursache werden.

STRÜMPELL führt an, daß auch in Fällen ohne die erwähnten nervösen Nachkrankheiten die Patellarreflexe nach Ablauf der Diphtherie verschwinden und erst nach Wochen oder Monaten wieder zum Vorschein kommen.

Die Lähmungen sind im allgemeinen prognostisch günstig. Indessen kann, abgesehen von der Zwerchfellähmung, auch die Lähmung der Schlingmuskulatur infolge Pneumoniegefahr lebensbedrohlich werden.

Was das Verhalten des Blutes bei Diphtherie betrifft, so ist zu konstatieren, daß die große Mehrzahl der Fälle mit neutrophiler Leukocytose verläuft. Bei schweren Fällen werden hohe Leukocytenzahlen beobachtet, in 3 tödlich verlaufenden von TRENKEL, die NAEGELI anführt, 20 bis 45 000. Indessen soll als Ausdruck der Knochenmarksinsuffizienz auch ein starker Abfall der Leukocyten vor dem Tode zu beobachten sein. Eine Monocytose mäßigen Grades kann vorkommen.

In den schweren Stadien der Diphtherie werden die Eosinophilen spärlich. Ihre Vermehrung vor dem Abfall der Temperatur gilt als prognostisch günstiges Zeichen.

Die Vermehrung der Leukocyten geht mit Linksverschiebung nach ARNETH einher. Das Auftreten von Myelocyten beweist die besondere Schwere des Falles.

Verminderung der Blutplättchenzahlen findet man besonders bei den mit hämorrhagischer Diathese einhergehenden Fällen.

Als postinfektiöse Erscheinungen treten Lymphocytose und Eosinophilie auf. Ferner wird das Vorkommen von reichlichen Plasmazellen erwähnt, besonders nach Serumexanthemen.

Diagnose.

Die Diagnose der Diphtherie muß, wie ausgeführt, unter sorgfältiger Berücksichtigung aller Faktoren aufgestellt werden. Sie ist in Epidemiezeiten oder schon bei Häufung der Fälle im engeren Kreise der Familie, der Wohnungsgemeinschaft usw. anders zu handhaben, als in epidemiefreien Zeiten und unter sonst unverdächtigen Umständen. Wir werden unter den ersteren Voraussetzungen oft schon bei fieberhafter Mandelschwellung mit Sekretion oder nur leichtem follikulärem Belag den „Zustand der drohenden Kriegsgefahr" annehmen. In ruhigen Zeiten können wir im Krankenhause bei klinischer follikulärer Angina gelegentlich auch dann noch den Gang der Dinge klinisch zu taxieren suchen, wenn selbst das bakteriologische Kulturverfahren „Diphtherie" ansagt. Daß die Verhältnisse der freien Praxis eine mehr schematische Anschauungsweise gelten lassen müssen, liegt in der Natur der Sache. Trotzdem wird es Aufgabe der Zukunft sein, die Gefahren des heutigen Schematismus durch weitere Fortschritte zu verkleinern. Einzelheiten der Differentialdiagnose finden sich in den folgenden Kapiteln.

Pathogenese. Pathologische Anatomie. Immunität.

Bezüglich der Pathogenese der Diphtherie ist in erster Linie die Frage zu diskutieren, ob es sich um eine lokale Wirkung am Orte des ersten Eindringens der Diphtheriebacillen oder um eine Allgemeininfektion handelt. Es hatte sich ergeben, daß die Diphtheriebacillen mit Regelmäßigkeit im lokalen Herd, Rachen, Nase oder Kehlkopf zu finden sind, während man sie im Blute während des Lebens nur selten und auch post mortem nicht gerade häufig antraf. Hieraus wurde der Schluß gezogen, daß die Diphtheriebacillen sich hauptsächlich am Orte ihrer ersten Ansiedlung vermehren und dort ihr Gift produzieren, welches im Blute kreisend Intoxikationserscheinungen der Organe herbeiführt. Gegenüber der Feststellung CONRADIS, daß man im Urin von Diphtheriekranken häufig Diphtheriebacillen findet, die aus dem Blute stammen mußten, konnte JOCHMANN in systematisch hierauf gerichteten Untersuchungen während des Lebens nur in vereinzelten Fällen im Blute Diphtheriebacillen konstatieren. JOCHMANN meint, daß zwar Diphtheriebacillen vom lokalen Herd aus ins Blut übertreten, daß sie dort aber keine günstigen Entwicklungsbedingungen vorfinden, schnell durch die Nieren ausgeschieden werden, oder zum Teil in den Lungen sich festsetzen, wo sie an der Leiche häufig nachgewiesen werden können.

In den Mittelpunkt des krankhaften Geschehens wird das durch die Diphtheriebacillen abgegebene Toxin gestellt, das erstens lokale und zweitens allgemeine Schädigungen hervorruft.

Lokal verursacht das abgegebene Gift entzündliche Vorgänge, die sich in einer Schädigung des Epithels und einer Alteration der Gefäßwände der darunter liegenden Schleimhautschichten äußern. Die oberflächlichen Epithellagen lockern sich und in die Zwischenräume, zwischen die einzelnen Epithelzellen, ergießt sich ein fibrinhaltiges Exsudat, das aus den erweiterten und prall mit Blut gefüllten Gefäßen stammt. Ausgewanderte Rundzellen lagern sich zwischen die Epithelzellen und kommen auch an die Oberfläche. Zwischen den Epithelzellen bildet sich ein feines Fibrinnetz, das an der Oberfläche der Schleimhaut zu einer zusammenhängenden Membran wird. Wenn die obersten Epithelschichten nekrotisch zugrunde gehen, so kann eine aus Fibrin und Rundzellen bestehende Pseudomembran dem mehr oder weniger geschädigten tieferen Epithellager aufsitzen. JOCHMANN bezeichnet auch solche Membranen, die nach gänzlichem Schwund der Epithelzellen den subepithelialen Schichten der Schleimhaut aufsitzen, als der Schleimhaut aufgelagert. Man kann sie ohne Substanzverlust und bei vorsichtigem Vorgehen oft ohne Blutung abziehen, da nur wenige Fibrinfäden sie mit den darunter liegenden Schichten verknüpfen. **Bei der eigentlichen, der Schleimhaut eingelagerten diphtherischen Membran hängt die oberflächliche Fibrinüberkleidung fest mit den schon in der Submucosa gebildeten Fibrinmassen zusammen.** Ihre Entfernung ist ohne Blutung und ohne zurückbleibenden Gewebsdefekt nicht möglich.

Bei der hochtoxischen, „malignen" Diphtherie kommt es neben der Membranbildung zu gangränösen, weit in die Tiefe reichenden Zerstörungen, so daß Tonsillen, Zäpfchen und die angrenzenden Teile in eine dunkelbraune oder schwarze Nekrose übergehen. Es fragt sich nun, inwieweit hier das Diphtherietoxin allein oder inwieweit sekundäre Infektionen mit Eiter- und Fäulniserregern eine Rolle spielen.

Hier kann man annehmen, daß die Diphtheriebacillen allein schon weitgehende nekrotische Veränderungen verursachen können und daß dann auf dem so vorbereiteten Boden die fast stets im Rachen anwesenden Streptokokken leichter eindringen und sich an der Zerstörung beteiligen. Zur Überschwemmung des Blutes mit Streptokokken und zu ausgesprochen septischen Prozessen kommt es selten. Der relativ häufige Befund von Streptokokken in Diphtherieleichen dürfte meist durch agonale Einwanderung und postmortale Vermehrung bedingt sein, so daß der Mischinfektion bei der malignen Diphtherie nur eine bescheidene Rolle zuzusprechen ist. In den regionären Lymphdrüsen, die bei den malignen Diphtherieformen oft erheblich geschwollen und mit einem periglandulären Ödem umgeben sind, lassen sich oft ebenso wie in diesem Ödem Diphtheriebacillen nachweisen.

Die allgemeinen Zeichen der menschlichen Toxinvergiftung sind Fieber, Mattigkeit, Albuminurie und in schweren Fällen Herzschädigungen, ferner die angeführten postdiphtherischen Lähmungen. Im großen und ganzen läßt sich ein gewisser Parallelismus der lokalen und der Allgemeinerscheinungen konstatieren. Doch kommen hiervon auch Ausnahmen vor, derart, daß man bei relativ geringer örtlicher Ausbreitung des Prozesses schwere Schädigungen an Herz und Nieren beobachtet, während man andererseits Fälle mit weit verbreiteter Membranbildung ohne stärkere Allgemeinsymptome verlaufen sehen kann.

Die Abheilung des lokalen Prozesses erfolgt in erster Linie durch spezifische Schutzkräfte, insbesondere das in Blut und Geweben nachweisbare Antitoxin, welches man artifiziell durch Serumtherapie vermehren kann. Bei der Abstoßung der Membranen wirken die Leukocyten und das von ihnen abgegebene proteolytische Ferment mit. Im übrigen ist die Ausheilung des lokalen Prozesses unabhängig von dem Schwinden der Diphtheriebacillen, die sich oft noch längere Zeit halten. Dieselben Krankheitserreger also, die zuerst ein schweres, mit Intoxikationserscheinungen einhergehendes Leiden verursacht haben, sinken mit dem Ende der Krankheit auf die Stufe von unschädlichen Parasiten, weil, wie man annimmt, die Schutzkräfte des Körpers die Oberhand gewonnen haben.

Die Dauer der durch das Überstehen der Krankheit gewonnenen Immunität ist individuell außerordentlich verschieden. Einzelne bacillentragende Rekonvaleszenten erleiden schon nach kurzer Zeit Rezidive. Die frühere Lehre, daß das Diphtherieantitoxin im Blutserum durch das Überstehen einer Diphtherie aktiv gebildet wird, und daß dadurch eine Immunität gegen die Erkrankung herbeigeführt wird, muß sich eine Modifikation durch neuere Forschungsergebnisse gefallen lassen. Diese Modifikation wäre dahin zu formulieren, daß das Diphtherieantitoxin einen normalen Bestandteil des Blutes, einen Normalantikörper darstellt, der außerhalb der Beeinflussung durch die Aktivität des Diphtheriebacillus, noch anderen biologischen Wandlungen zugänglich ist, z. B. in Zusammenhang mit dem Wechsel der Lebensalter an sich.

Für den Nachweis von Antitoxin beim Menschen hat die SCHICKsche Intracutanreaktion eine gewisse Bedeutung erlangt. Sie beruht auf dem Prinzip, daß die intracutane Injektion von 0,1 ccm einer Toxinmenge, die gleich $1/_{50}$ der einfach letalen Dosis für ein Meerschweinchen von 250 g Gewicht ist, eine leichte Lokalreaktion setzt, die einer positiven PIRQUETschen Tuberkulinreaktion ähnlich ist. Durch die Gegenwart von genügendem Antitoxin im Blut soll die SCHICKsche Reaktion aufgehoben werden. Es hat sich indessen ergeben, daß sich diese Reaktion aus 2 Komponenten zusammensetzt, einer echten Toxinreaktion, die durch Antitoxin aufhebbar ist, und einer zweiten durch Antitoxin nicht aufhebbaren und durch Kochen nicht zerstörbaren Komponente. Man kann also annehmen, daß der negative Ausfall der Reaktion für das Vorhandensein von Schutzkörpern beweiskräftig ist. Der positive ist von Kautelen abhängig. Hat man 2 Reaktionen angesetzt mit gekochtem und nativem Reagens, so zeigt der gleichmäßig positive Ausfall beider, daß ein unspezifischer Faktor gewirkt hat.

Die Behringwerke (Marburg) sind Hersteller eines „Diphtheriegiftes für Schickprobe" in Fläschchen und (erhitzten) Kontrollfläschchen. 1 Teil Gift ist zum Gebrauch mit 19 Teilen physiologischer Kochsalzlösung zu verdünnen. Von dieser Verdünnung spritzt man mit Hilfe einer Rekordspritze von 1 ccm, die eine Teilung in 10 Teilstriche enthält, 0,1 ccm intracutan ein. Man bedient sich einer dünnen Nadel mit kurz abgeschliffener Spitze. Bei der oberflächlichen Einführung der Nadel in die Haut wendet man die Nadelöffnung nach oben. Während der Injektion bildet sich eine weiße quaddelartige Erhebung mit Stichelungen entsprechend den Haarfollikelmündungen.

Die positive Reaktion ist am zweiten Tage deutlich, erreicht am dritten gewöhnlich ihr Maximum und klingt dann unter Pigmentierung und leichter Schuppung ab.

Die mit erhitztem Gift hervorgerufene unspezifische Reaktion tritt schon nach etwa 10 Stunden auf, erreicht ihr Maximum nach 1 bis $1^1/_2$ Tagen und pflegt nach 4 bis 5 Tagen abgeklungen zu sein, d. h. zu einer Zeit, in der eine nicht erhitzte positive Schickprobe noch einen deutlichen rötlichen Herd erkennen läßt. Man soll daher in allen Fällen, in denen die Kontrollprobe mit erhitztem Gift eine Reaktion ergeben hat, das endgültige Ergebnis erst nach 5 Tagen bestimmen. Klingt die nicht erhitzte Probe deutlich später ab, so ist die Reaktion positiv ausgefallen, ein genügender biologischer Schutz infolge Gegenwart von Antitoxin ist also nicht vorhanden.

In analoger Weise stellen die Höchster Farbwerke einen Schick-Test „Höchst" und erhitzten Schick-Test „Höchst" her. Die Injektionsdosis beträgt 0,2 ccm intracutan. Das in Ampullen befindliche Toxin muß jedesmal nach der beigegebenen Vorschrift unmittelbar vor dem Gebrauch verdünnt werden.

Bacillenträger.

Man konstatiert im allgemeinen das Ende der Bacillenträgerschaft, wenn 2 im Abstande von 3 mal 24 Stunden vorgenommene Untersuchungen von Nasen- und Rachenabstrich ein kulturell negatives Ergebnis bezüglich Diphtherie zeitigten, was gewöhnlich einige Wochen nach Beendigung der Krankheit eintritt. Diese Vorschrift ist, wie alle derartigen, ein Kompromiß. Das Verschwinden der Diphtheriebacillen von den Schleimhäuten des Trägers geht allmählich vor sich, und gegen das Ende der Bacillenträgerperiode zu pflegen bei Untersuchung von Tag zu Tag eine Zeit hindurch positive mit negativen Resultaten abzuwechseln, bis schließlich die letzteren definitiv werden.

In einzelnen Fällen bleiben aber die Untersuchungsresultate viele Monate positiv (Dauerausscheider!). Da sich indessen feststellen ließ (S. MEYER), daß die innerhalb der ersten 2 Monate noch hochvirulenten Bacillen sich vom 3. Monat ab abschwächen, so wurde seitens der preußischen Regierung (GOTTSTEIN) angeregt, daß Schulkinder 8 Wochen nach erfolgter klinischer Genesung zum Schulbesuch wieder zuzulassen sind.

Nach DOLD teilt man die Diphtheriebacillenträger in „Rekonvaleszenzträger" und „Kontaktträger". Letztere gelten im allgemeinen als immun gegen Diphtherie. Man findet meist die Ansicht vertreten, daß diese Immunität durch das Überstehen einer unbemerkt und schleichend verlaufenen Infektion herbeigeführt ist. Gegen diese Auffassung macht sich jedoch mehr und mehr Widerstand geltend, und man neigt dazu, hier eine andere Form der Immunität als die durch Überstehen des Infektes erworbene anzunehmen. Jedenfalls gibt es Bacillenträger, die ohne Antitoxin zu besitzen, doch nicht an Diphtherie erkranken, auch wenn ihre Stämme virulent sind.

Ein weiterer Punkt ist die verhältnismäßige **Häufigkeit von Bacillenträgern unbekannter Provenienz** und der Nachweis, daß die der Diphtheriegruppe angehörigen Keime bei diesen auf allen der Luft ausgesetzten Flächen angefunden werden. Dieser Punkt ist für die Klinik besonders wichtig, weil er die tägliche Quelle von Fehldiagnosen ist. RIEBOLD fand bei einfachen Anginen, bei denen klinisch jeder Verdacht einer Diphtherie ausgeschlossen war, in etwa 20 % echte Diphtheriebacillen.

Das besondere, vielfach diskutierte **Verhalten von Neugeborenen gegenüber Diphtheriebacillen** ist in einer experimentellen Arbeit von KIRSTEIN neu beleuchtet worden. Zunächst hatte KIRSTEIN bezüglich der **Häufigkeit des Vorkommens von Diphtheriebacillen bei Säuglingen** der Marburger Frauenklinik festgestellt, daß von 46 Kindern, welche nahezu täglich auf Löfflerbacillen untersucht waren, 39 (= 84,8 %) ein positives Resultat ergaben. Andere Autoren hatten nicht ganz so hohe, aber ebenfalls hohe Ziffern erhalten. Da nun hin und wieder Diphtherieerkrankungen und -Todesfälle vorkamen, so hatte man zunächst eine aktive Immunisierung mit dem im nächsten Kapitel ausführlich zu erörternden TA 6 versucht, ohne zu einem befriedigenden Resultat gelangt zu sein, da nur 17 % mit einer genügenden lokalen Reaktion antworteten. Infolgedessen ging man daran, das **Neugeborene dadurch passiv zu immunisieren, daß man den Müttern in graviditate TA einverleibte**. Das Resultat war folgendes: Während Blutuntersuchungen bei 33 Kindern nicht mit TA vorbehandelter Mütter einen durchschnittlichen Antitoxintiter von 0,172 Antitoxineinheiten in 1 ccm Blutserum ergeben hatten, besaßen 44 Kinder von Frauen, welche mit TA 7 vorbehandelt waren, durchschnittlich 0,726 A.E., also etwa 4mal so hoch.

Trotzdem gelang es nicht, die diphtherischen Infektionen zu verhindern. Bei den 263 Kindern von Müttern, die in der Gravidität mit TA 7 behandelt waren, beobachtete man in 4,6 % der Fälle diphtherische Infektionen, während von 661 Kindern nichtimmunisierter Mütter 4,4 % erkrankten. Die **Erkrankungshäufigkeit, die Erkrankungsformen und die Mortalitätsziffer waren, mit und ohne TA-Prophylaxe, in keiner Weise verändert**.

Die Kinder erkrankten besonders an Nasendiphtherie trotz Vorhandenseins eines hohen Antitoxingehaltes im Blute. Es ergab sich also, daß sich unsere Anschauungen über die Bedeutung des Diphtherieantikörpers nicht ohne weiteres auf Neugeborene übertragen lassen. Da die humoralen Kräfte des Organismus zur Abwehr der Diphtherie anscheinend nicht beitrugen, müssen es, wie gefolgert wird, Abwehrkräfte zellulärer Natur sein, mit denen das genesende Kind seine Diphtherie überwindet. In Zusammenhang mit den geschilderten Erfahrungen steht KIRSTEIN wie auch andere der therapeutischen Serumapplikation beim Neugeborenen skeptisch gegenüber.

Angesichts dieser merkwürdigen Verhältnisse bei Neugeborenen sieht man zunächst keine plausiblen Erklärungsmöglichkeiten, und es wird von Fall zu Fall besonders sorgfältig geprüft werden müssen, inwieweit die Pathogenität des gefundenen Erregers im konkreten Falle als sicher fundiert anzusehen ist.

Die Frage der Beseitigung der Bacillen bei Bacillenträgern muß heute als noch ungelöst gelten. Keine der bisher angegebenen Methoden hat sich allgemeine Anerkennung verschaffen können. Aufenthalt in freier Luft scheint günstigere Bedingungen für das Verschwinden der Bacillen zu bieten als Zimmerruhe.

Wie C. HIRSCH ausführt, hat PFEIFFER bei Diphtheriebacillenträgern nach allen möglichen Versuchen zur Beseitigung der Bacillen nur mit der Tonsillektomie gute Resultate erlebt. Die interessante Tatsache, daß man nach derartigen Operationen nie etwas von einer Wunddiphtherie sieht, wurde bisher darauf zurückgeführt, daß Dauerausscheider und Bacillenträger einen besonders hohen Antitoxingehalt aufweisen, eine Frage, die jedenfalls noch weiterer Prüfung bedarf.

Prophylaxe.

Der Verbreitung der Diphtherie beugt man am wirksamsten durch die räumliche Scheidung von gefährdenden Kranken und gefährdeter Umgebung vor. Die serologische Prophylaxe geht von dem Gedanken aus, daß Individuen, welche im kreisenden Blute eine genügende Menge von Diphtherieantitoxineinheiten aufweisen, gegenüber der epidemiologischen Diphtheriegefahr als geschützt angesehen werden. Es war BEHRINGS Standpunkt, daß man einem noch nicht mit LÖFFLERschen Diphtheriebacillen infizierten Menschen nur so viel Antitoxin zu geben braucht, daß er in 1 ccm Blut danach $1/_{40}$ A.E. aufweist. Um eine solche Antitoxinkonzentration im zirkulierenden Blute herzustellen, genügt nach dieser Auffassung die subcutane Injektion von etwa 30 A.E. auf 10 kg Körpergewicht. Die hiermit erreichte Beladung des Blutes mit Antitoxin vermindert sich aber infolge der Eliminierung des artfremden Serums von Tag zu Tag, so daß nach 20 Tagen kaum noch Spuren von Antitoxin nachweisbar sind. Gibt man eine stärkere Dosis, so hält sich ein genügender Blutantitoxingehalt etwas länger, aber keinesfalls kann man hierdurch den Diphtherieschutz über 3 Wochen verlängern. Die zur Immunisierung von Personen in der Umgebung Diphtheriekranker übliche Antitoxinmenge wird im allgemeinen auf 200 bis 500 A.E. angegeben. Dabei hat es sich im Laufe der Zeit eingebürgert, Diphtherie-Rinderserum oder -Hammelserum statt -Pferdeserum anzuwenden, um der Gefahr einer späteren Anaphylaxie durch Verwendung heterogenen Antitoxins aus dem Wege zu gehen.

Die gewiß nützliche passive Immunisierung mit Diphtherieantitoxin bedarf jedoch noch einer weiteren Diskussion, da es sich herausgestellt hat, daß Theorie und Praxis hier nicht immer in Einklang miteinander zu bringen sind. KASSOWITZ gibt in einer neueren Arbeit an, daß er letzthin nicht weniger als 3 Fälle von äußerst frühzeitigen, echten Diphtherierezidiven feststellen mußte, welche zwischen dem 10. und 16. Tage nach der Seruminjektion auftraten. Bei der weiteren Analyse der Fälle zeigte die SCHICKsche Reaktion zur Zeit des Auftretens der neuerlichen Rachenaffektion bei allen Kindern wieder positiven Ausfall, während die gleichzeitige Auswertung des Blutserums bei allen dreien noch Antitoxinwerte von 0,08 bis 0,16 Einheiten in 1 ccm ergab. Hier bewirkten also die im Blut verweilenden Schutzkörpermengen weder einen experimentellen Giftschutz noch einen wirklichen Erkrankungsschutz für die Rachenteile. KASSOWITZ verfolgte die Frage nun weiter und ließ bei 8 Diphtherierekonvaleszenten in Abständen von 3—17 Tagen nach Diphtherieseruminjektion die Tonsillektomie vornehmen. Nun wurden Antitoxingehalt von Blut und blutfreiem Tonsillenpreßsaft des gleichen Tages verglichen. Es ergab sich, daß sich in den ersten Tagen nach der Seruminjektion in blutfreiem Preßsaft ziemlich hohe Antitoxinwerte fanden, einmal gleich groß denen des Blutserums. Sie betrugen später etwa $1/_4$, dann $1/_{16}$ und nach

8 Tagen nur $1/120$. Vom 13. Tage an war aber jede nachweisbare Schutzkörpermenge aus dem Gewebspreßsaft verschwunden, während im Serum noch am 17. Tage 0,04 A.E. in 1 ccm nachweisbar waren. Es ergibt sich also, daß man bei der passiven Immunisierung mit einer Inkongruenz der Verteilung des Diphtherieschutzkörpers zwischen Gewebe und Blutserum zu rechnen hat.

Im Meerschweinchenversuch fand sich nach Injektion von 500 A.E. pro Kilogramm Tier schon am 11. Tage Freisein des extravasculären Gewebes von nachweisbaren Schutzkörpern. Infolge dieser Erfahrungen glaubt KASSOWITZ empfehlen zu müssen, daß man in jedem schweren Diphtheriefall eine Reinjektion verabfolgt, und zwar am besten mit einem heterologen Serum von Rind oder Hammel, aber nicht in den nächsten Tagen nach der ersten Dosis, sondern etwa nach einer Woche, um die künstliche Giftfestigkeit der Gewebe möglichst lange auf optimaler Höhe zu halten.

KASSOWITZ dehnte seine Untersuchungen auch auf gesunde Erwachsene mit aktiver Immunität aus. Bei der Verarbeitung von Tonsillen zeigte sich in 19 Fällen, daß hier im Gegensatz zu der passiven Immunität Schutzkörpergehalt von Serum und Gewebe miteinander parallel gehen. Die echte aktive Immunität ist hiernach in gleicher Weise eine humorale und eine Gewebsimmunität.

Bei der aktiven Immunisierung ist die direkte Verwendung von Diphtherietoxin nicht möglich, weil dies schon in geringen Dosen lokale Nekrosen erzeugt. Mit Hilfe des Diphtherieschutzmittels „TA" v. BEHRINGs, eines Gemisches von Toxin und Antitoxin, ist indessen eine aktive Immunisierung möglich geworden. Man nimmt an, daß die Verbindung Toxin-Antitoxin im Körper durch Abbau des Antitoxins langsam gelöst wird, und daß die hierbei freiwerdenden kleinsten Toxinmengen als Antigen wirken. Das ursprüngliche v. BEHRINGsche Schutzmittel enthielt einen Giftüberschuß, und nach der Größe dieses Überschusses richtete sich die Stärke der einzelnen Operationsnummern, derart, daß das schwächste Präparat im Meerschweinchenversuch keinen krankmachenden Giftüberschuß mehr erkennen ließ. Die Einstellung von Gift und Gegengift in der Weise, daß eine Gifteinheit durch eine Antitoxineinheit im Meerschweinchenversuch glatt neutralisiert wird, gilt nur für diese Tierart. Es mußte z. B., um eine auch für den Affen ungiftige Mischung zu erzielen, ein Verhältnis von 80 bis 100 A.E. auf eine Gifteinheit gewählt werden. Der Mensch ist jedoch bedeutend weniger empfindlich als der Affe. Es hat sich nun herausgestellt, daß durch aktive Immunisierung gebildetes autogenes Antitoxin sich viel länger hält als passiv appliziertes. Man rechnet mit einer Immunität von vielen Monaten, vielleicht Jahren. Man weiß, daß das durch aktive Immunisierung erzeugte Antitoxin bei Pferden, wenn auch in stetig abnehmender Konzentration, sogar noch nach sieben Jahren nachweisbar bleiben kann.

Die lange Lebensdauer des autogenen bzw. homogenen Antitoxins läßt auch die fernere Möglichkeit zu, menschliches Antitoxin für längere Zeit erfolgreich von Mensch zu Mensch zu übertragen.

Technik: TA 7 wird in 4 Verdünnungen angewandt als Vaccin 1, 2, 3 und 4. Vaccin 1 ist $\frac{TA\ VII}{40}$, es wird hergestellt, indem man 0,1 ccm TA 7 mit 3,9 ccm physiologischer Kochsalzlösung mengt. Vaccin 2 ist $\frac{TA\ VII}{16}$. Vaccin 3 ist $\frac{TA\ VII}{5}$, Vaccin 4 ist TA 7. Man geht nun so vor, daß man von Vaccin 1 und Vaccin 2 je 0,1 ccm intracutan in die Haut des Unterarms im Abstand von etwa Handbreite injiziert und nach 48 Stunden Nachschau hält. Als genügendes Impfresultat gilt eine Reaktion zweiten Grades (s. unten). Ist das Resultat nicht genügend, so appliziert man jetzt 0,1 ccm von Vaccin 3 und bei ungenügendem Impfungsausfall nach weiteren 48 Stunden wiederum 0,1 ccm von Vaccin 4. 10 bis 14 Tage nach der letzten Injektion ist die Dosis zu wiederholen, welche genügt hatte, um ein genügendes Impfresultat zu erzeugen. Zur Beurteilung des Impferfolges registriert man vier Reaktionsgrade nach KLEINSCHMIDT und VIERECK: Die Reaktion 1. Grades ist eine Rötung und Infiltration von 1 bis 2 cm Durchmesser. Bei der Reaktion 2. Grades beträgt der Durchmesser der Rötung und Infiltration mehr als 2 cm. Tritt außer diesen lokalen Erscheinungen auch eine entzündliche Schwellung der regionären Lymphdrüsen hinzu, so bezeichnet man dieses als Reaktion 3. Grades. Das Hinzutreten von Fieber und sonstigen allgemeinen Krankheitserscheinungen wie Kopfschmerz, Appetitlosigkeit usw. charakterisiert die Reaktion als eine solche 4. Grades.

Für Kinder von 5 bis 18 Monaten werden in ähnlicher Weise Vaccin A, Vaccin B und Vaccin C verwandt. Vaccin A ist $\frac{\text{TA VI}}{20}$ Ergab die intracutane Injektion von 0,1 Vaccin A bei der Nachschau nach 48 Stunden kein genügendes Resultat, so ist 0,1 Vaccin B $= \frac{\text{TA VI}}{5}$ zu applizieren und bei wiederum negativem Resultat nach weiteren 48 Stunden 0,1 ccm Vaccin C = TA 6 (unverdünnt). Auch hier dient die Erstimpfung als probatorische und sensibilisierende TA-Behandlung, während die 10 bis 14 Tage später erfolgende Impfung mit der als genügend ermittelten TA-Menge die Aufgabe der antitoxinproduzierenden TA-Wirkung zu erfüllen hat.

Zu bemerken ist noch, daß keine Bedenken bestehen, neben der ersten TA-Applikation eine passiv immunisierende Diphtherieserumgabe anzuwenden.

Im Einvernehmen mit v. Behring injizierte Matthes Mitte März 1913 einem Säugling 350 A.E., die von einem anderen Kinde herstammten, dessen Blut durch TA-Behandlung auf 175fach gebracht war. In diesem Falle war das Blut des immunisierten Kindes noch nach mehreren Monaten mehr als $^1/_{40}$fach, besaß also eine genügende Antitoxinmenge, um das Individuum mit großer Sicherheit gegen die epidemiologische Diphtheriegefahr zu schützen. Das serumliefernde, mit TA aktiv immunisierte Kind hatte nach 7 Monaten ein noch mehr als einfach normales Blut, und der Antitoxinschwund vollzog sich dann bei ihm in so langsamer Progression, daß hier mit einem mehrjährigen Diphtherieschutz gerechnet werden durfte.

Toxin-Antitoxinpräparate sind in dreifacher Form herstellbar, als unterneutralisierte, neutralisierte und überneutralisierte Gemenge. Schon Löwenstein hatte mit überneutralisierten Gemischen gearbeitet. A. Dold berichtet neuerdings über die von Bieber modifizierten Präparate TA 1 und TA 2, welche, auf das Meerschweinchen bezogen, einen Überschuß von Antitoxin enthalten. Die Präparate werden subcutan in eine Brustseite eingespritzt. Die gewöhnliche Dosis beträgt für TA 1 0,5 ccm (nach einem neueren Prospekt der Behringwerke 0,4 ccm), für empfindliche Personen und Kinder von neuropathischer Konstitution nur 0,3 ccm. Das TA 2 wird in gleicher Weise 10 Tage später bei der Zweitimpfung in die andere Brustseite eingespritzt. Die überneutralisierten Gemenge werden besser vertragen, aber der Impfschutz tritt erst nach mehreren Wochen ein, während z. B. bei TA 6 und TA 7 der Beginn der aktiven Immunität bereits nach 8 Tagen beobachtet wurde. Mit der Zahl der Impfungen wächst der Erfolg. Amerikanische Autoren fanden nach der einmaligen Impfung 73% der Kinder immun, nach der zweimaligen 90%, nach dreimaliger 95%. DOLD hält eine zweimalige Impfung mindestens für erforderlich. Eine Anaphylaxiegefahr scheint praktisch nicht zu bestehen. In Betracht kommen Kinder vom 1. Lebensjahre bis zum Schulalter. Nach der vorliegenden Darstellung berichtet BIEBER, daß nach 2 Impfungen mit TA 1 und TA 2 bei über 100 Impflingen ausnahmslos die Bildung von mindestens $^{1}/_{20}$ I.E. pro 1 ccm Blutserum etwa drei Wochen nach der Impfung festgestellt werden konnte. Man nimmt an, daß schwerere Erkrankungen auf diese Weise verhütet werden.

Nach Angabe der Behringwerke tritt eine Reaktion nach der Impfung zuweilen gar nicht auf, gewöhnlich besteht sie in einer kleinen Rötung und ganz geringen, vorübergehenden Schmerzhaftigkeit der Injektionsstelle. Nur bei tuberkulösen, skrofulösen und nervösen Kindern sind nach der gleichen Angabe stärkere Reaktionen beobachtet, welche jedoch meist am dritten Tage verschwanden. Kinder unter 6 Monaten sollen auch hier von der TA-Immunisierung ausgeschlossen werden. Die Höchster Farbwerke stellen nach dem gleichen BEHRINGschen Prinzip einen Diphtherie-Schutzimpfstoff „Höchst" her (Toxin-Antitoxin „Neutral"). Dem Impfling wird der Inhalt einer Ampulle (1 ccm des Impfstoffes) subcutan injiziert. Nach 8—14 Tagen schließt man eine zweite gleichartige Injektion an, evtl. noch eine dritte. Die Nebenwirkungen sollen gering sein. Der Impfschutz entwickelt sich langsam in den nächsten Wochen. Seinen Höhepunkt erreicht er nach Angabe des Prospektes zumeist erst nach 4—6 Monaten, so daß man im Sommer für die Infektionsgefahr des Winters impfen kann.

Einen neuen Weg der aktiven Schutzimpfung gegen Diphtherie haben BÖHME und RIEBOLD betreten. Die genannten Autoren suchen durch Hautimpfungen mit lebenden virulenten Diphtheriebacillen eine Immunität gegen Diphtherie zu erzielen. Bei experimentellen Untersuchungen am Meerschweinchen erzeugten Impfungen mit verschiedenen Virulenzstärken und mit verschiedenen Toxinstämmen nach der JENNERschen

Methode eine schwache lokale Entzündung um die Impfstriche und verliefen ohne lokale oder allgemeine Schädigung. Die Impfungen erzeugten ziemlich weitgehende Antitoxinmengen im Kreislauf der geimpften Tiere, Werte von 5 bis 10 Antitoxineinheiten. Klinische Ergebnisse an Kindern zeigten weder bei den Impflingen noch bei ihrer Umgebung eine Infektion, obwohl bei den Impfungen mit größeren Mengen frischer lebender, toxinbildender, echter Diphtheriebacillen gearbeitet wurde. Von 62 Erstgeimpften reagierten 13 überhaupt nicht. 24 mal bekam man eine leichte Rötung der Impfstriche und 25 mal intensive Rötung der ganzen Impffläche teilweise mit Exsudation bzw. Knötchenbildung. Wiederimpfungen wurden nach 8 Tagen bis 10 Monaten mit annähernd gleichem Resultat vorgenommen. Unter 20 mit lokalem Erfolg geimpften Fällen fand sich bei Untersuchung vor und nachher keine Änderung des Antitoxingehaltes, 6 mal eine Steigerung bis zu 3 Antitoxineinheiten. Die Stärke der Reaktion ist nicht ausschlaggebend für das Maß der Antitoxinbildung. Die Autoren glauben, daß eine einmalige Impfung einen weitgehenden Infektionsschutz mindestens für 1 bis 2 Jahre, wahrscheinlich aber noch für länger gewährt. Sie weisen darauf hin, daß man neben dem Antitoxinschutz noch mit einer anderen Art von Immunität zu rechnen hat, welche durch das Überstehen der Krankheit erworben wird und unmittelbar mit dem Auftreten des lebenden Erregers im Organismus zusammenhängt. Die Schutzimpfung mit Diphtherielymphe („Diphcutan") wird als billiges, harmloses Verfahren zur Erzielung eines weitgehenden Impfschutzes gegenüber der natürlichen Infektion zu allgemeiner Nachprüfung empfohlen. Die Haltbarkeit des vom Sächsischen Serumwerk hergestellten Diphcutans ist naturgemäß eine beschränkte. Für frische Erkrankungsfälle, bei denen eine rasche Immunisierung erforderlich ist, kommt es nicht in Betracht.

Allgemeinbehandlung der Diphtherie.

Für die Pflege des stets bettlägerig zu haltenden Diphtheriekranken ist die Feuchthaltung der Zimmerluft wichtig, am besten durch Dauerspray. Man läßt entweder den Strahl des Sprayapparates direkt auf das Gesicht des liegenden Kranken richten und schützt Bett und Wäsche durch Gummitücher, oder sprayt in die Luft in der unmittelbaren Umgebung des Kranken. Als indifferentes Spraymittel eignet sich physiologische Kochsalz-

Allgemeinbehandlung. Serumtherapie. 51

lösung, für lokale Wirkungen kommen 1% Wasserstoffsuperoxydlösung, Kalkwasser, vorübergehend auch Adrenalin in Frage. Zu Gurgelungen wird ebenfalls Wasserstoffsuperoxydlösung gebraucht, auch warmer Tee (chinesischer Tee, Kamillentee) ist zweckmäßig. Als äußere Applikationen auf den Hals kommen je nach Lage des Falles Eiskrawatte einerseits und Prießnitz- oder warme Kamillenumschläge andererseits in Frage. Die Ernährung muß unter Berücksichtigung von Allgemein- und Lokalbefund flüssig oder breiig gehalten werden.

Für die Behandlung der Herzschwäche stehen Digalen und Suprarenin an erster Stelle. Beide werden von Kindern in verhältnismäßig großen Dosen gut vertragen. Von Digalen kann man bei kleinen Kindern Viertel-Pravazspritzen geben, bei größeren halbe, mehrmals täglich. Suprarenin geben wir ebenfalls bei Kindern in Viertel-, Drittel- und halben Pravazspritzen. JOCHMANN empfiehlt bis zu 1 ccm mehrmals täglich. Auch Campher und Coffein in der üblichen Dosierung können von Nutzen sein.

Der Behandlung der postdiphtherischen Lähmungen mit Diphtherieserum stehen wir skeptisch gegenüber. Man wird den wenig beeinflußbaren, aber prognostisch meist günstig verlaufenden Spätlähmungen gegenüber in der Regel symptomatisch verfahren, eventuell unter Zuhilfenahme von langsam gesteigerten milligrammatischen Strychnindosen. Auffallend günstige Resultate sollen übrigens, wie von spezialistischer Seite angegeben wird, bei postdiphtherischen Lähmungen durch die Tonsillektomie erzielt sein, bei Verschwinden der polyneuritischen Erscheinungen wenige Tage nach der Operation.

Serumtherapie der Diphtherie.

Die Behandlung hat möglichst frühzeitig einzusetzen. Die Dosierung der notwendigen Antitoxinmengen ist mannigfachen Schwankungen unterworfen gewesen, und man steht heutzutage im allgemeinen auf dem Standpunkt, daß die Serummengen, mit denen die ersten Erfolge erzielt wurden, zu klein gewesen sind. Wir geben heute als Tagesdosis je nach der Schwere des Falles und dem Alter des Individuums im allgemeinen 3000—6000— 12000 Einheiten und injizieren in den folgenden Tagen nach, wenn die Situation es erfordert. Es muß aber darauf hingewiesen werden, daß auch Dosen von 30000, 50000 Antitoxineinheiten und mehr besonders an außerdeutschen Kliniken verlangt werden. Wesentlich ist die Art der Applikation. Man injiziert subcutan, intramuskulär oder intravenös. Die Resorptionsgeschwindigkeit ist bei intramuskulärer Injektion wesentlich höher als bei subcutaner. Von theoretischer Seite (BERGHAUS) ist festgestellt, daß die Heilwirkung des Serums beim toxinvergifteten Meerschweinchen, je nach der Art der Applikation desselben, sehr verschieden ausfällt. Wenn Meerschweinchen eine bestimmte Toxinmenge injiziert war, so betrug die eine Stunde nach der Giftinjektion zum Schutze des Tieres nötige Antitoxinmenge

bei der intrakardialen Injektion   0,08 I.E.
bei der intraperitonealen Injektion   7,0 ,,
bei der subcutanen Injektion   40,0 ,,

Es zeigte sich also, daß die Heilwirkung eines Serums in der geschilderten Versuchsanordnung bei direkter Einverleibung in die Blutbahn 500 mal größer war als bei der subcutanen. Die Klinik hat denn auch in Fällen von besonderer Gefahr (z. B. bei Larynxcroup) die intravenöse Serumapplikation für besonders wirksam gehalten.

Ausdrücklich sei noch bemerkt, daß keine Bedenken bestehen, die einmal angefangene Serumbehandlung mit erheblichen Serummengen tagelang fortzusetzen. Haben sich innerhalb der ersten 24 Stunden keine anaphylaktoiden Erscheinungen gezeigt, so sind solche auch in den nächsten Tagen nicht zu erwarten.

BINGEL in Braunschweig hat 937 Diphtheriefälle wechselnd mit Normalpferdeserum und antitoxischem Diphtherieimmunserum behandelt und sich nicht von einer deutlichen Überlegenheit der spezifischen Therapie überzeugen können. Eine Anzahl anderer Beobachter, welche dies Experiment im kleinen wiederholten, haben dem widersprochen. Nichtsdestoweniger ist die Überlegung nicht von der Hand zu weisen, daß dem Pferdeserum an sich ebenfalls gewisse Wirkungen zukommen. Man muß mit der Möglichkeit rechnen, daß die Diphtheriebacillen außer der Diphtherietoxinwirkung vielleicht auch noch eine unspezifische (Anaphylatoxinwirkung?) zustande bringen können und daß diese durch die Wirkung des injizierten artfremden Serums eine Dämpfung erfährt. Nach FRIEDBERGERs Versuchen kommt zwar nur dem antitoxischen Serum ein Heilwert bei der intracutanen Infektion des Meerschweinchens mit Diphtheriebacillen zu. Indessen ist immer wieder daran festzuhalten, daß die künstliche Infektion des Meerschweinchens mit der Diphtherieerkrankung des Menschen nicht zu identifizieren ist. Das letzte Wort muß schließlich die Klinik sprechen.

Anaphylaxie.

Unter Anaphylaxie verstehen wir bekanntlich die Bereitschaft zu explosionsartiger Vergiftung durch zugeführtes Eiweiß nach vorausgegangener gleichartiger Vorbehandlung desselben Organismus. Die für die Entwicklung der Anaphylaxie nötige Präparationszeit, die Zeit, welche zwischen Vorinjektion und erfolgreicher Hauptinjektion verflossen sein muß, beträgt im Tierexperiment etwa 2 bis 3 Wochen, eventuell etwas weniger. Da sich die Dauer der Gefährdungszone über viele Jahre erstrecken kann, muß man einerseits bei der Serotherapie jeden mit Pferdeserum vorbehandelten Fall als gefährdet registrieren, andererseits im Auge behalten, daß jede nicht streng indizierte Serumapplikation im Falle einer späteren Zwangslage verhängnisvoll werden kann. Der anaphylaktische Symptomenkomplex ist beim Meerschweinchen etwa folgender: Wenige Minuten nach der Injektion wird das Tier unruhig, beginnt sich mit den Pfoten über die Nase zu fahren, um einen anscheinend dort bestehenden Juckreiz zu beseitigen. Es folgen Würgen, Erbrechen, Abgang von Kot und Urin. Ruckweise treten Krampfanfälle auf, bei denen das Tier gedreht oder hin- und hergeschleudert wird. In anderen Fällen tritt ein lähmungsartiger Schwächezustand ein, bei welchem sich das Tier unter beschleunigter Herztätigkeit und krankhaft angestrengter Atembewegung auf die Seite legt. Der Ausgang ist entweder tödlich oder das Tier erholt sich und zeigt am nächsten Tage wieder normales Aussehen.

In ähnlicher Weise wie beim Versuchstier kann es unter den Voraussetzungen unserer üblichen Therapie beim vorbehandelten Menschen zu Herzkollaps, Blässe, Cyanose, Krämpfen und Bewußtseinsverlust kommen. Schon nach subcutaner Nachinjektion sind beim Menschen anaphylaktische Choksymptome beobachtet. Weit höher ist indessen die Gefahr bei intravenöser Applikation.

Bezüglich der Anaphylaxiegefahr bei dieser letzteren lagen tierexperimentelle Erfahrungen vor, welche darauf hindeuteten, daß man der Gefahr der intravenösen Injektion in hohem Maße dadurch vorbeugen kann, daß man einige Stunden vorher eine unschädliche kleine Serummenge subcutan injiziert. JOCHMANN gab in seinem Lehrbuch an, daß er, namentlich bei der Behandlung postdiphtherischer Lähmungen, 4 Stunden vor der eigentlichen großen Serumdosis eine ganz geringe Serummenge, z. B. 0,5 bis 1,0 ccm Diphtherieserum subcutan einspritzt. Wir haben leider konstatieren müssen, daß diese Methode unzuverlässig ist. Mein früherer Mitarbeiter Dr. W. KOCH hat folgenden Fall mitgeteilt: Ein scharlachkrankes 6jähriges Kind mit klinischem Diphtheriebefund erhält am 3. Krankheitstage 3,75 ccm Diphtherieheilserum (1500 I. E.) intramuskulär, am 6. Krankheitstage 7,5 ccm (3000 I. E.) intravenös. Am 10. Krankheitstage flüchtiges Serumexanthem. Nach Entwicklung eines septikopyämischen Bildes wird am 20. Krankheitstage intravenöse Antistreptokokkenseruminjektion angesetzt. Der Hauptinjektion läßt man zunächst eine als Anaphylaxieschutz gedachte Subcutaninjektion von 5 ccm Antistreptokokkenserum $5^{1}/_{4}$ Stunden vorausgehen, die keine Reaktionserscheinungen auslöst. Jetzt intravenöse Injektion von 10 ccm Antistreptokokkenserum. Erfolg: Tod in wenigen Minuten unter Krämpfen, Cyanose, Herzkollaps. Auf alle Fälle erscheint es ratsam, ein längeres Intervall, etwa 24 Stunden, zwischen subcutaner Vorinjektion und intravenöser Reinjektion zu wählen, wenn man es nicht vorzieht, bei vermuteter Anaphylaxiegefahr auf die intravenöse Injektion überhaupt zu verzichten und mit vorsichtigen fraktionierten Subcutandosen zu beginnen und fortzufahren.

Die Anaphylaxiegefahr, welche bei der intravenösen Serumanwendung sicherlich bei weitem am größten ist, sucht man auf verschiedene Weise zu umgehen. Ein Weg ist der, bei Personen, die früher mit Pferdeserum vorbehandelt wurden, Diphtheriesera anderer Tierarten (Hammel, Rind) zu benutzen (anallergische Sera). Eine andere Methode ist die, sehr hochwertige Sera oder sogenannte „gereinigte Sera" anzuwenden. Von den Eiweißkörpern des Serum ist es bekanntlich das Pseudoglobulin, welches man als den vorzugsweisen Antitoxinträger anzusehen hat. Die Höchster Farbwerke empfahlen ein elektroosmotisch gereinigtes Diphtherieserum (ELO.), welches der Angabe nach frei ist von Blutsalzen, Fetten, Lipoiden und Cholesterin, von Euglobulin und Albumin, sowie von Aminosäuren, Albumosen und Peptonen. Die Behringwerke geben bezüglich

„v. BEHRINGs Diptherieimmunserum" an, daß es eine 5mal geringere anaphylaktische Giftigkeit als das gewöhnliche 400fache Diphtherieserum besitzt. Folgerichtig soll auch der Eintritt der Serumkrankheit nach der Anwendung dieses Immunserums auf ein geringeres Maß von Wahrscheinlichkeit reduziert werden. v. BEHRING bezeichnete diejenige Serumdosis, welche bei hochsensibilisierten Meerschweinchen von 250 g Gewicht nach intravasculärer Injektion gerade noch ausreicht zur Tötung unter den Erscheinungen des anaphylaktischen Choks als 1 AnE. (= eine Anatoxineinheit). 1 ccm von dem gewöhnlich 400fachen Serum enthält nun etwa 100 AnE., so daß auf 4 A. E. eine AnE. kommt, während v. BEHRINGs Diphtherieimmunserum mindestens 20 A. E. auf eine AnE. enthält.

Serumkrankheit.

Das Entstehen der an sich prognostisch stets günstigen Serumkrankheit beruht darauf, daß auch der primär mit Serumeiweiß behandelte Mensch nach Ablauf einer Inkubationszeit von 8 bis 12 Tagen bei Erstinjizierten, 4 bis 6 Tagen bei Reinjizierten infolge eingetretener „Allergie" mit einer Reihe von Vergiftungssymptomen zu reagieren anfängt. Eine schon im Prodromalstadium einsetzende, zunächst lokale Lymphdrüsenschwellung kann sich im weiteren Verlauf generalisieren. Der Serumausschlag ist meist urticariell, auch morbilliform, sehr viel seltener scarlatiniform. Im letzteren Falle soll man echten Scharlach durch das Auslöschphänomen auszuschließen suchen. Weitere Symptome sind Ödeme, Nierenerscheinungen mit Eiweiß, Zylindern und Erythrocyten im Harn, Gelenkschmerzen und -Schwellungen. In einem Teil der Fälle ist das Allgemeinbefinden im Gegensatz zu dem oft hohen Fieber wenig gestört, in anderen Fällen sind erhebliche Herzbeschwerden, Übelkeit und Erbrechen vorhanden. Auch ein mit lokaler Eosinophilie verlaufender Darmkatarrh kommt nicht selten zur Beobachtung.

Hämatologisch läßt sich mit dem Eintreten der Serumerscheinungen ein Leukocytensturz, beruhend auf Verminderung der polynucleären Neutrophilen konstatieren. Gegen Ende der Serumerscheinungen erhebt sich die Leukocytenkurve wieder zu normalen Werten.

Serumkrankheit und Anaphylaxie sind im Grunde genommen auch theoretisch keine prinzipiell verschiedenen Erscheinungen.

Als eine Art Mittelding zwischen beiden kann man daher die „sofortige Allgemeinreaktion" bezeichnen, die bei Reinjizierten und in seltenen Fällen bei Erstinjizierten beobachtet wird. Man versteht hierunter das Auftreten von Fieber, Exanthem und schweren Allgemeinerscheinungen, Ödem, Kollaps, Cyanose innerhalb der ersten 24 Stunden.

Bei Ausbruch der Serumkrankheit wird therapeutisch die subcutane Injektion von Suprarenin ($^1/_4$ bis $^1/_2$ ccm der Stammlösung) empfohlen, desgleichen 1 mg Atropin. Die Wirksamkeit der Kalktherapie ist angefochten worden.

Tonsillitis acuta.

Die Scheidung der akuten Tonsillitis in eine katarrhalische, lacunäre, follikuläre, pseudomembranöse, benigne fibrinöse, nekrotisierende oder gangränöse Form bedeutet an sich ätiologisch nichts und nosologisch nicht viel. Man kennzeichnet zunächst nur das jeweils erreichte Krankheitsstadium. A. KUTTNER verzichtet in seiner neueren Bearbeitung der Erkrankungen der Rachenteile darauf, katarrhalische und lacunäre Amygdalitis von einander zu trennen. Den Ausdruck „Angina follicularis" hält er für wenig glücklich. JOCHMANN definierte die Angina follicularis als eine katarrhalische Angina, bei der die Lymphfollikel auf den Tonsillen stark anschwellen und sich als graue, später gelbliche, runde, über die Oberfläche hervorragende Punkte präsentieren. „Sie können auch eitrig zerfallen und auf diese Weise kleine oberflächliche Geschwüre bilden." Demgegenüber stellt sich A. KUTTNER auf den Standpunkt, daß das follikuläre Gewebe bei jeder parenchymatösen Mandelentzündung in Mitleidenschaft gezogen ist, so daß eine besondere Abzweigung einer Gruppe überflüssig erscheint. Wenn auch angenommen werden soll, daß dem von JOCHMANN geschilderten Modus der Entstehung von Stippchen klinische Beobachtungen zugrunde liegen, so kann doch kein Zweifel darüber bestehen, daß er die mehr oder weniger seltene Ausnahme bildet.

Pseudomembranöse bzw. benigne fibrinöse Anginen haben Beläge, welche sich ohne Substanzverlust oder lediglich mit Verlust von Epithel abheben lassen. Bezüglich Nekrose und Gangrän bezeichnet man rein konventionell meist die sich stufenweise entwickelnden, fressenden graugelben oder schmierig-grauen Prozesse, wie z. B. nach Scharlach, als nekrotische, die mehr diffusen, mit schwärzlicher Verfärbung des Gewebes einhergehenden als gangränöse.

Besonders die katarrhalische Angina kann sich mit einer Rachenmandelentzündung, einer Angina retronasalis kombinieren. Bei beginnender Angina kann man postrhinoskopisch oft schon ein Stadium mit Belag erkennen, während die Gaumentonsillen sich noch im Anfangsstadium befinden.

Klinisch beginnt die Tonsillitis lokal mit Rötung und Schwellung der Mandel. Die Entzündung dokumentiert sich ferner durch mehr oder weniger getrübtes Sekret, welches man besonders bei leichtem Druck auf das Organ aus den Krypten und Falten hervorquellen sieht. Auf diesem Stadium kann die Erkrankung stehen bleiben. Es soll aber für den Praktiker an dieser Stelle nicht unerwähnt bleiben, daß die „katarrhalische Angina" durchaus nicht so sehr häufig ist und nicht so selten den Weg für eine Fehldiagnose bildet. Man soll erst dann die katarrhalische Angina diagnostizieren, wenn man sich die Mandel unter guter Beleuchtung von allen Seiten zu Gesicht gebracht hat. Hierzu bedarf es in manchen Fällen eines Lüftens des vorderen Gaumenbogens nach lateralwärts und des weichen Gaumens nach oben, um auszuschließen, daß nicht in mehr nach rückwärts gelegenen oder durch die Schwellung ganz oder teilweise verlegten Krypten und Falten Stippchenbeläge vorhanden sind, die den Charakter des Falles eindeutig bestimmen.

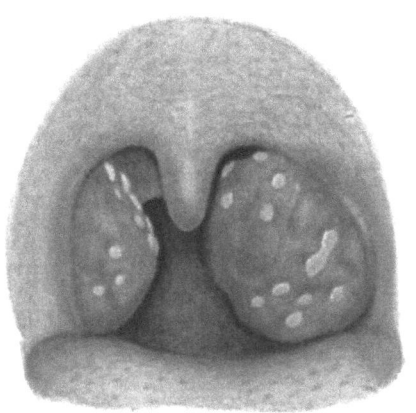

Abb. 2. Angina lacunaris. (Nach JOCHMANN-HEGLER.)

Der Stippchenbelag, der bei weiterer Entwicklung der Mandelentzündung auftritt, besteht aus grauweißlichen oder graugelblichen Pfröpfen, die aus den Lacunen oder Rinnen der Mandeln hervorragen. Es handelt sich um dickliche Sekretmassen, die aus

Leuko- und Lymphocyten, Epithelzellen, Zelldetritus und massenhaften Bakterien bestehen. Oft sind die gelblich-weißen Auflagerungen sternförmig aneinander gereiht.

Wenn die einzelnen Stippchen von den Lacunen aus an ihrer Peripherie an Ausdehnung zunehmend, flatschenförmig zusammenfließen, können sie einen zusammenhängenden fibrinhaltigen Belag bilden, der einen echten diphtherischen vortäuscht. Vor dieser Verwechslung schützt man sich einerseits durch die leichtere blutungsfreie Abstreichbarkeit des Belages, der vorzugsweise in den Krypten haftet, andererseits durch die Feststellung, daß in tieferen Bezirken oder gegenüber die lacunäre Genese des Belages durch Übergangsbilder deutlich wird.

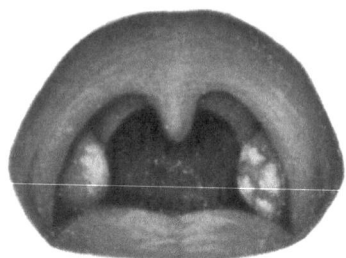

Abb. 3. Tonsillitis acuta mit flatschenförmig ausgebreiteten lacunären Belägen der linken Mandel und pseudomembranösem Belag der rechten.

Die Allgemeinerscheinungen einer Tonsillitis variieren von Fall zu Fall außerordentlich. In leichten Fällen sind die regionären Lymphdrüsen nicht oder nur unbedeutend vergrößert. Bei Fieberlosigkeit können geringe Schluckbeschwerden und ein leichtes Gefühl von Unbehagen die einzigen subjektiven Symptome bleiben. In vielen Fällen sind aber die Allgemeinerscheinungen erheblich. Kopfschmerzen, Halsschmerzen, Kreuz-, Rücken- und Gliederschmerzen, Frost und hohes Fieber leiten die Szenerie ein. Appetitlosigkeit und Schlaflosigkeit kommen hinzu, bei Kindern Fieberdelirien und andere cerebrale Symptome. Herpes facialis ist nicht sehr häufig, nach einer Zusammenstellung von HOLZER aus dem Material unserer Abteilung in 4 von 100 Fällen. Nach der gleichen Zusammenstellung fand sich in 3% der Fälle ein Tastbarsein der Milz, wobei noch der Fall eines 8jährigen Knaben mit Malariaanamnese einbegriffen ist. Man sieht im allgemeinen keinen Ikterus, der als Ausdruck einer toxischen Allgemeinschädigung hinzutreten kann, wenn z. B. eine Paratonsillitis die ursprüngliche Tonsillitis kompliziert.

Die bakteriologische Seite der Tonsillitis ist im allgemeinen Teil besprochen.

Hämatologisch findet sich bei gewöhnlicher Angina eine

Leukocytose, die im allgemeinen rasch wieder abzufallen pflegt. Die Leukocytenzahlen liegen nach der Untersuchung von BEN-NECKE am ersten Tage zwischen 9400 und 25200. Auf meiner Abteilung stellte HOLZER bei 50 Fällen aus dem Zeitraum vom 1. April bis 31. Oktober 1924 einen Durchschnittswert von 11390 fest. Die Fälle sind bald nach ihrer Krankenhausaufnahme im akuten fieberhaften Stadium untersucht, befanden sich aber naturgemäß nur zum Teil noch am ersten Krankheitstage.

Das Durchschnittsbild der 50 Fälle ist folgendes: Polynucleäre neutrophile Leukocyten 75%, Eosinophile 1%, Monocyten 10%, Lymphocyten 14%.

Es besteht also im wesentlichen eine relative und absolute Polynucleose. Die Zahl der Eosinophilen ist auffallend gering, was insbesondere die Differentialdiagnose gegenüber Scharlach erleichtert.

Eine weitere Durchsicht der Fälle zeigt, daß für Erwachsene das Differentialleukocytenbild in allen Lebensaltern dasselbe ist.

Die sonst günstige Prognose der einfachen Tonsillitis kann durch Komplikationen und Nachkrankheiten eine Trübung erfahren. Seitens der Nieren beobachtet man sog. febrile Albuminurie, leichte Nephrose, seltener leichte und in Ausnahmefällen schwere diffuse Glomerulonephritis mit Ausgang in Chronizität.

VOLHARD gab (1918) an, daß nach seinen Beobachtungen etwa ein Viertel aller Nephritiden bekannter Ätiologie von einer Tonsillitis abstammt. Er unterschied bekanntlich eine herdförmige infektiöse Glomerulonephritis von einer diffusen (toxischen?) Glomerulonephritis. Er nahm an, daß ähnlich wie beim Scharlach die herdförmige infektiöse Nephritis gleichzeitig mit der Angina auftritt, die diffuse gewöhnlich nach Ablauf derselben. „Durch Eingriffe an den Tonsillen", führt er aus, „werden die Erscheinungen der herdförmigen Glomerulonephritis regelmäßig zunächst, und zwar sofort gesteigert. Die gleiche Beobachtung kann man aber bisweilen auch bei der abklingenden diffusen Nephritis machen." Im Gegensatz zur Scharlachnephritis wird von den Autoren die große Neigung der Angina zu chronischen Nephritiden und deren Endstadien den sekundären Schrumpfnieren zu führen, betont.

STRAUSS bestätigt die Erfahrung, daß zwischen der Schwere der Angina und dem Auftreten einer Nephritis ein Parallelismus nicht vorliegt, hebt aber hervor, daß die phlegmonösen und nekrotisierenden Anginen im allgemeinen häufiger zu Nierenstörungen Anlaß geben als die anderen Anginen.

Wenn bei der Anginaätiologie meist Streptokokken eine Rolle spielen, seltener Pneumokokken u. a., so soll nicht unerwähnt bleiben, daß, wie VOLHARD hervorhebt, auch bei Erkältungsnephritiden Streptokokken im Harn nachgewiesen wurden.

Von sonstigen Komplikationen und Nachkrankheiten seien als die hauptsächlichsten Otitis media, Gelenkrheumatismus genannt, ferner Endokarditis. Auch Appendicitis und Osteomyelitis werden aufgeführt.

An Infektionen der Mandeln, Zähne und Nasennebenhöhlen schließen sich nach LESCHKE Fälle von einfacher verruköser Herzklappenentzündung meist chronischen Verlaufs an, die nicht selten auch in die septische Form, vor allem in die Endocarditis lenta übergehen. „Besonders häufig finden wir eine septische Endokarditis auftreten im Anschluß an eine follikuläre oder nekrotisierende Angina (Streptokokkenendokarditis)." Dabei darf natürlich nicht vergessen werden, daß im Verhältnis zum tatsächlichen Vorkommen der Anginen die Zahl der manifest werdenden Endokarditiden sehr klein ist. Schließlich ist aber auch die Überlegung im Auge zu behalten, daß die Tonsillitis eine akute Manifestation des schon länger bestehenden septischen Grundleidens sein kann.

Das Heer der septiko-pyämischen Symptome kann man sich unter Vermittlung einer Paratonsillitis und lokalen Thrombophlebitis entwickeln sehen.

Im folgenden sei das Beispiel einer Tonsillenerkrankung mit Ausgang in Streptokokkensepsis wiedergegeben. Der Krankheitsfall zeichnet sich dadurch aus, daß das bakteriologische Resultat des Rachenabstrichs erst- und einmalig diphtheriepositiv lautete, später immer negativ.

Der 36jährige Professor der Mathematik K. wurde am 27. 4. 1924 in das Krankenhaus Westend aufgenommen. Seiner Angabe nach war er vorher mit Fieber, Halsschmerzen und Schluckbeschwerden erkrankt.

Die Untersuchung des mittelgroßen, kräftig gebauten, in gutem Ernährungszustande befindlichen Mannes ergab bei der Besichtigung der Rachenteile einen pseudomembranösen gelblichgrünen Belag der geröteten und geschwollenen linken Tonsille. Die rechte Tonsille war ebenfalls gerötet und geschwollen. Beiderseits Schwellung der Kieferwinkeldrüsen. Lunge und Herz ohne Besonderheiten. Milz vergrößert fühlbar. Blut: 20 700 Leukocyten, Polynucleäre 88 $^0/_0$, Lymphocyten 5 $^0/_0$, Monocyten 7 $^0/_0$, Eosinophile 0 $^0/_0$.

Tonsillitis acuta. 61

Temperatur bei der Aufnahme 39,2, Puls 104. Urin: Kein Eiweiß, kein Zucker. Mikroskopisch vereinzelte Leukocyten, Erythrocyten und Plattenepithelien.

Die Temperatur sank bis zum übernächsten Tag (29. 4.) bis 37,8 (rectal). Trotz Rückgangs der Halserscheinung und der Temperatur machte der Patient noch einen schwerkranken Eindruck und fühlte sich schlaff. Der 2 Tage vorher abgesandte Rachenabstrich wurde vom Untersuchungsamt als diphtheriepositiv gemeldet. Da der bakteriologische Befund mit dem Charakter der Tonsillitis nicht in Einklang stand, auch der Verlauf dagegen sprach, sah man von der Diphtherieseruminjektion zunächst noch ab. Es ergab denn auch der am 30. 4. entnommene Tonsillenabstrich keine Diphtheriebacillen. Es fanden sich Staphylokokken, Streptokokken und plumpe saprophytäre Keime.

Am 30. 4. trat ein Umschwung im Verlauf der Krankheit ein. Unter Schüttelfrost kam es zu einer Temperatursteigerung bis 41,4. Der Puls wurde vorübergehend klein und nach einiger Zeit auf 124 in 1 Minute festgestellt. Gleichzeitig wurde eine stärkere linksseitige paratonsilläre Schwellung bemerkbar. Die Temperatur sank noch im Verlaufe desselben Tages ab bis auf 38,8. Vom übernächsten Tage ab pendelte sie bis zum tödlichen Ausgang nahezu um 37. Die Applikationen von 2×3000 I.-E. Diphtherieserum intramuskulär und 5 ccm Fulmargin intravenös am 6. Krankheitstag waren ohne erkennbaren Effekt. Ungeachtet des Rückgangs der Temperatur verschlechterte sich der Zustand weiter. Am 1. 5. war der Patient leicht ikterisch und die Schleimhäute zeigten eine deutliche Cyanose. Weiterhin klagte der Patient über starke Schmerzen in der linken Halsseite, und eine schwache diffuse Schwellung der linken Halsgegend machte es mehr und mehr wahrscheinlich, daß eine tiefe Halsphlegmone sich zu entwickeln begann, deren Eröffnung jedoch auch chirurgischerseits für noch nicht ratsam angesehen ward, da eine eigentliche Absceßbildung nicht nachweisbar war. Der Zustand verschlechterte sich weiter unter Zunahme des Ikterus. Es entwickelte sich am 5. 5. eine hämorrhagische Diathese, die sich besonders in streifenförmigen Hautblutungen geltend machte, welche durch Kratzstriche ausgelöst waren. Die Blutungszeit nach DUKE war stark verlängert, die Blutgerinnungszeit nach W. SCHULTZ innerhalb der Norm. Unter zunehmender Benommenheit trat der Exitus letalis noch am gleichen Tage, also dem 10. Krankheitstage, ein.

Als hämatologisch interessant sei noch nachgetragen, daß das Blutbild kurz vor dem Tode reichlich Vakuolen in den Leukocyten aufwies, was charakteristisch für hämorrhagische Sepsis ist. Der Nachweis der Vakuolen geschieht am besten mit der MAY-GRÜNWALD-Technik.

Die Sektionsdiagnose (Prof. Dr. CEELEN) lautete:

Sepsis nach eitrig-nekrotisierender Tonsillitis mit eitriger Thrombophlebitis der linken Vena jugularis. Schwere nekrotisierende Tonsillitis beider Tonsillen, besonders der linken. Mehrere schrotkorn- bis erbsengroße, mit Eiter gefüllte

Abscesse im peritonsillären Gewebe der linken Tonsille. Eitrigphlegmonöse Para- und Peritonsillitis links, zum Teil bis tief in die Muskulatur reichend. Eitrige Thrombophlebitis der linken Vena jugularis bis hinab zur Anonyma. Eitrige Thrombenmassen an der Einmündungsstelle der Jugularis. Pharyngitis. Schwellung der linksseitigen cervicalen Lymphknoten. Multiple embolische Abscesse in beiden Lungen von Kirschkern- bis Walnußgröße. Akute eitrig-fibrinöse Pleuritis beiderseits. Eitrige Tracheobronchitis. Reichlich aspirierte, schmutzig-braune Massen in der Trachea. Septische Hepatitis interstitialis mit ungeheurer Leberschwellung (Gewicht 2200 g). Allgemeiner schwerer Melas-Ikterus. Zahlreiche punktförmige Blutungen in der Schleimhaut des Nierenbeckens beiderseits, sowie in der Schleimhaut des Colon ascendens. Trübe Schwellung der Nieren. Ungeheure Pulpaschwellung der Milz mit starker Erweichung des Organs (Gewicht 850 g). Mittelschwere Gastritis und Kolitis. Starker Lipoidschwund in beiden Nebennieren. Allgemeine starke Adipositas.

Die bakteriologischen Befunde (Oberarzt Dr. ELKELES) von der Leiche waren folgende:

Halsphlegmone: Streptokokken im direkten Ausstrich.

Leber: Streptokokken und Bact. coli.

Milz: Steril nach dreitägiger Bebrütung.

Lungenmetastasen: Hämolytische Streptokokken (Reinkultur).

Herzblut: Bact. coli als postmortale Verunreinigung.

Faßt man den klinischen Verlauf, den pathologischen und den bakteriologischen Befund zusammen, so kann es keinem Zweifel unterliegen, daß wir es mit einer Streptokokkenerkrankung zu tun haben, deren erste Manifestation die pseudomembranöse linksseitige Tonsillitis ist. An diese haben sich dann organisch Paratonsillitis, Lymphadenitis, tiefe Halsphlegmone, septische Thrombophlebitis und Lungenabscesse angeschlossen. Die einmalig aus dem Rachenabstrich gezüchteten Diphtheriebacillen haben offensichtlich keine pathogene Bedeutung gewonnen.

Differentialdiagnostisch kann bei fieberhaften, aber auch fieberlosen Zuständen eine Affektion zur Verwechslung Anlaß geben, die wegen ihres immerhin seltenen Vorkommens häufig verkannt wird. Es ist die Hyperkeratosis lacunaris (Pharyngomycosis leptothricia). Pathogenetisch handelt es sich um eine eigenartige Verhornung des Epithels in den Krypten des lymphadenoiden Gewebes des Rachens und Saprophytie des Leptothrixpilzes. Hierbei kommt es zur Bildung weißglänzender Pfröpfe, die aus abgeschilferten verhornten Epithelzellen, Leukocyten und Leptothrixfäden zusammengesetzt sind und wie kleine Stacheln aus den Lacunen herausragen. Hauptsitz der völlig harmlosen Affektion sind die Gaumenmandeln und die Zungenmandel. Der mit Allgemeinerscheinungen nicht verknüpfte Befund sei lediglich aus differentialdiagnostischen Gründen hier angeführt.

Die eventuell hiermit zu verwechselnden Mandelkonkremente haben, wie ich aus TRAUTMANN zitiere, „keine Stachelform, treten zerstreut auf, können leichter entfernt werden, sind steinhart und bestehen, wie die mikroskopische Untersuchung zeigt, meistens aus Kalkkörnchen, Cholesterin und wenigen Mikroorganismen, enthalten aber keine verhornten Epithelien."

Eine weitere Möglichkeit zur Verwechslung mit der gewöhnlichen Tonsillitis kann die Soorangina bieten. Unterscheidungsmerkmale sind 1. die schneeweiße Farbe des Belags, 2. das Fehlen von Fieber, 3. das Übergreifen von den Tonsillen auf die Umgebung, 4. das Fehlen von Allgemeinerscheinungen auf seiten der Soorangina.

Die Differentialdiagnose gegenüber Sporotrichose der Rachenteile kommt für unsere Verhältnisse praktisch so gut wie nicht in Frage. Angaben über diese finden sich bei H. C. PLAUT, bei KRAUS und BRUGSCH, Bd. 2, H. 2, 1919.

Die sonstigen differentialdiagnostischen Fragen sind in den folgenden Kapiteln zur Sprache gebracht.

Die Therapie der Tonsillitiden entspricht den im allgemeinen Teil angegebenen Grundsätzen.

Anhangsweise erwähnt sei noch die verhältnismäßig selten zu beobachtende **Angina herpetica** (Herpes pharyngis). Das Auftreten von Herpesbläschen auf den Tonsillen, deren unmittelbarer Umgebung, der hinteren Rachenwand, dem Kehldeckel usw. kommt unter den verschiedensten Voraussetzungen vor: Als trophoneurotische Störung (Herpes zoster), reflektorisch (?) in Zusammenhang mit Vorgängen im Genital- wie im Intestinaltractus, in Zusammenhang mit Erkrankungen der Gruppe des Erythema exsudativum multiforme u. a., schließlich als selbständiger Infekt. Ich selbst hatte noch unlängst Gelegenheit, das Auftreten einiger Herpesbläschen an der Wurzel der Uvula bei gleichzeitig kräftig entwickeltem Herpes labialis in einem Falle von Meningitis zu beobachten. Die gruppiert stehenden Bläschen können nach Platzen gelblich belegte Erosionen werden, aus deren Zusammenfließen größere oberflächliche Defekte resultieren.

Die Heilung geht gewöhnlich spontan rasch vor sich. E. MEYER gibt an, daß in Ausnahmefällen Nachschübe auftreten können, welche den Verlauf in die Länge ziehen, ferner, daß in anderen Fällen ein Verschwinden der Eruptionen und periodisches Wiederauftreten zu beobachten ist. Die Therapie hat sich auf die Ätiologie des Leidens einzustellen.

Peritonsillitis und Tonsillarabsceß.

Die Gaumenmandeln sind von einer derben, fibrösen Kapsel umgeben, die Bindegewebszüge in das lymphatische Gewebe hineinsendet. Außerhalb der Kapsel liegt ein weitmaschiges, an Lymph- und Blutgefäßen reiches Bindegewebe, das besonders nach dem hinteren Gaumenbogen zu und in der Fossa supratonsillaris angeordnet ist. Der Absceß soll sich diesen anatomischen Verhältnissen entsprechend am häufigsten an diesen beiden Stellen finden.

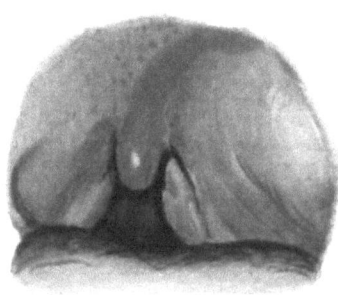

Abb. 4. Peritonsillärer Absceß.
(Nach FINDER.)
Aus Handbuch der Hals- Nasen- Ohreuheilkunde.
Verlag von Julius Springer, Berlin 1925.

Die Erkrankung kann primär vom paratonsillären Gewebe ausgehen, und es werden sekundär die Mandeln in den Prozeß hineinbezogen, welche ihrerseits dann Rötung und Schwellung zeigen und unter Umständen an ihrer Oberfläche einen zusammenhängenden fibrinösen Belag bilden, der an Diphtherie erinnert. In anderen Fällen schließt sich die Peritonsillitis an eine vorhergehende Angina an. Nachdem die Erscheinungen der Tonsillitis bereits einen deutlichen Rückgang gezeigt haben, Fieber und Schluckschmerzen nachließen, kommt es wieder zu vermehrter Schmerzhaftigkeit bei jedem Schluckakt. Die Temperatur steigt erneut und stellt sich mehr oder weniger kontinuierlich ein. Die Gegend des Gaumensegels in der Nähe der Mandel rötet sich und schwillt an. Handelt es sich um einen doppelseitigen Prozeß, so kann die gleichzeitige Vortreibung der Mandeln nach der Mitte zu zur Berührung der beiderseitigen Organe führen, so daß die ödematös geschwollene Uvulaspitze an ihrer zusammengepreßten Basis hängend, nach hinten ausweichen muß.

Die regionären Lymphdrüsen pflegen schmerzhaft und geschwollen zu sein. Der Kranke bietet in diesem Stadium ein sehr typisches Bild: Er sitzt mit vornüber oder seitlich geneigtem Gesicht aufrecht. Es besteht lebhafter Speichelfluß. Die Sprache ist mühsam und kloßig. Das Schlucken wird fast zur Unmöglichkeit. Infolgedessen werden die Gewichtsverluste bei längerer Dauer des Leidens sehr hochgradig. Oft besteht erhebliche Kieferklemme, bei deren Zustandekommen nach EDM. MEYER ein Übergreifen des Prozesses auf das Ligamentum pterygo-mandibulare eine Rolle spielt. Die Enge des Racheneingangs kann auch die Atmung behindern, so daß sich besonders während des Schlafes ein scharfer Stridor bemerkbar macht. Daß durch plötzlich auftretendes Glottisödem der Exitus letalis herbeigeführt wird, ist sicher ein sehr seltenes Ereignis, zu dem ich aus eigener Erfahrung keinen Beitrag liefern kann. Dementsprechend ist man nur in Ausnahmefällen zur Tracheotomie genötigt.

106 Fälle von Peritonsillitis, die in den Jahren 1921—1924 auf meiner Abteilung beobachtet wurden, sind in einer Dissertation von GERHARD FRIESE (Berlin, 1925) behandelt. Zwischen der Häufigkeit des Leidens und dem Lebensalter der Patienten bestehen Beziehungen derart, daß das dritte Lebensdezennium den Prädilektionsabschnitt darstellt. In unseren Fällen bildet das Alter von 27 Jahren mit 9 Fällen den Gipfelpunkt. Im ersten Dezennium liegt ein Fall (ohne eitrige Einschmelzung des Gewebes) vor.

Die Zahlen sind für das zweite Dezennium 18 Fälle
dritte ,, 53 ,,
vierte ,, 27 ,,
fünfte ,, 6 ,,
sechste ,, 1 Fall.

48 der Patienten sind männlichen, 58 weiblichen Geschlechts. In 16 Fällen kam es doppelseitig zur Einschmelzung. Oft war eine Seite stark befallen und die andere schwach, so daß es nur einseitig zur Abscedierung kam. Nur in 22 Fällen war eine Seite ganz allein betroffen. Die bekannte Tatsache, daß zu Peritonsillitis neigende Personen wiederholt befallen werden, findet

sich auch in unserem Material ausgesprochen. Drei von den besonders oft befallenen Patienten hatten die Tonsillektomie vornehmen lassen, doch war es wieder zu reichlicher Regeneration von Tonsillensubstanz gekommen. In den meisten unserer Fälle trat die **Peritonsillitis** ohne anderes vorhergehendes Leiden **primär** auf, in einigen ging eine Tonsillitis voran.

Im **Blutbild** herrschen bei vermehrter Gesamtleukocytenzahl **Polynucleose** und **Monocytose** vor. Die Zahlen für polynucleäre Neutrophile sind $60-93\%$, für Monocyten meist um 12% (Höchstzahl 16%), für Lymphocyten $4-22\%$, für Eosinophile meist 1%, auch weniger. **Herpes labialis** bestand in 10 unserer Fälle, palpable **Milzschwellung** in zweien. Von drei Fällen, die tödlich verliefen, gingen zwei septisch zugrunde. Im dritten Fall eines 53jährigen Mannes scheint das Herz versagt zu haben.

Die **Prognose** ist im allgemeinen trotz bedrohlicher Erscheinungen günstig zu stellen. Der Ausgang in eine tödliche Septicopyämie, z. B. auf dem Wege der lokalen infektiösen Thrombophlebitis, gehört jedenfalls zu den Ausnahmen.

Bei der **Pathogenese** des Leidens soll man nicht außer acht lassen, daß die Peritonsillitis ebenso wie die Angina, zumal wenn sie doppelseitig und gleichzeitig auf beiden Seiten auftritt, auch als hämatogen entstanden gedacht werden kann. Auf der anderen Seite kommt der Modus des schon früher näher beschriebenen Weges der ,,Selbstinfektion" von der Schleimhautoberfläche her wesentlich in Frage. Die besondere lokale Disposition braucht nicht auf Eigentümlichkeiten der Mandeln zu beruhen und auch tonsillektomierte Personen sind nicht gegen die Krankheit gefeit. Damit soll der häufige Nutzen der Entfernung chronisch entzündeter Mandeln nicht bestritten werden.

Seltener sind **Abscesse, die ihren Sitz in der Mandel selbst** haben und leicht übersehen werden können. HALIR veröffentlichte kürzlich einen solchen Fall einer 43jährigen Sängerin, die klinisch unter den Erscheinungen von Sepsis, doppelseitiger Pneumonie und Ikterus behandelt und zugrunde gegangen war. Hier ergab sich pathologisch-anatomisch das Vorhandensein einer alten Angina mit Absceß in der linken Gaumentonsille, Thrombophlebitis von V. jug. ext. und communis, beiderseits Lungenabscesse und Brustfelleiterung, Milztumor, Ikterus. Die ursprüngliche Leukocytose von 30000 war nach 5 Tagen in eine Leukopenie von 2400 übergegangen.

Therapie: Therapeutisch bewähren sich bei der Peritonsillitis für die Zeit vor der Incision ausgiebige und von Zeit zu Zeit gewechselte warme Kamillenumschläge. In JOCHMANNs Lehrbuch werden bei lebhaften Schmerzen Pinselungen mit Novocain und Adrenalin empfohlen. An Stelle der oft schwer zu umgehenden Morphingaben kann man mit intravenösen Novalgininjektionen Linderung speziell für die Nacht zu schaffen suchen.

Die Incision soll erst vorgenommen werden, wenn man annehmen kann, daß der Absceß reif ist. „Entspannungsschnitte" sind zwecklos. Als Ort der Incision wird der Ort angegeben, der die deutlichste Fluktuation zeigt, oder aber, wenn diese nicht deutlich ist, der mit dem Sondenknopf festgestellte stärkste Schmerzpunkt. In der Mehrzahl der Fälle hat man Erfolg, wenn man in der Gipfelbucht, oben in der Arkade zwischen den beiden Gaumenbögen in der Gegend des oberen Randes der Mandel stumpf mit der Sonde eingeht oder incidiert. BRÜNINGS empfiehlt für die scharfe Incision an dieser Stelle mehr das Eingehen durch den vorderen Gaumenbogen hindurch, und zwar parallel mit seinem freien Rande und legt bei ungenügendem Klaffen der Wunde einen schmalen Gazestreifen ein. v. DOMARUS definiert als beste Incisionsstelle den Mittelpunkt einer Verbindungslinie zwischen dem letzten Molaren und der Basis der Uvula bei sagittaler Schnittrichtung, also parallel der Zahnreihe. A. KUTTNER incidiert höchstens einen Zentimeter tief. Die Umwicklung des Messers mit Heftpflaster 1 cm hinter der Spitze hat hauptsächlich die Bedeutung einer Marke. Zum weiteren Vordringen in die Tiefe bedient man sich einer Kornzange, einer festen Knopfsonde oder einer geschlossenen Pinzette.

Monocytenangina.

Am 3. Juli 1922 hielt ich im Berliner Verein für Innere Medizin zwei Vorträge über eigenartige Halserkrankungen, in deren erstem ich eine Gruppe von Krankheitsfällen unter dem Namen Monocytenangina heraushob. Es handelt sich um Tonsilitiden von diphtherieähnlichem, oberflächlich nekrotisierendem, membranösem oder pseudomembranösem Charakter, welche junge, syphilisfrei befundene Individuen zwischen 12 und 27 Jahren betrafen und sämtlich günstig verliefen. Von 7 beobachteten Fällen hatten neben Halsbefund und regionärer Lymphdrüsenschwellung

3 generalisierte Lymphdrüsenschwellung mit Beteiligung seltener befallener Drüsen, wie Thorakal- und Trapeziusdrüsen. Stets war die Milz vergrößert, palpabel, und 6 mal bestand ebenfalls fühlbare Leberschwellung. Ikterus war niemals vorhanden. Die Patienten fieberten anfangs hoch (39,2 bis 40,8°) und die Fieberdauer lag zwischen 13 und 34 Tagen. Die Milzschwellungen hielten durch Wochen und Monate hindurch an, in einem Fall etwa 2 Jahre. Das gemeinsame Charakteristicum aller Fälle war eine eigenartige

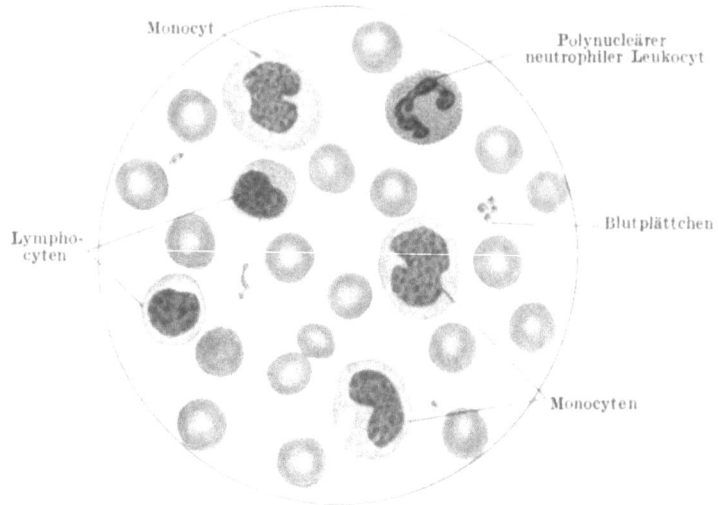

Abb. 5. Blutbild bei Monocytenangina.

Veränderung der Blutformel. Bei normaler oder mäßig erhöhter Gesamtleukocytenzahl bestand eine oft beträchtliche Monocytose, bis zum Höchstwerte von 78 %. Teilweise nahmen auch die Lymphocyten an der Vermehrung der lymphoiden Formen teil, wobei vielfach die morphologische Abgrenzung der Lymphocyten gegen Monocyten schwierig war. Bei der näheren Identifizierung der Monocyten fanden wir die Oxydasereaktion nach der Technik von N. ROSENTHAL in bedingtem Sinne positiv. Die Oxydasegranulierung war entweder überaus zart und schwach, oder sehr spärlich, so daß ein deutlicher Unterschied gegenüber der positiven Oxydasereaktion der polynucleären Neutro- und Eosinophilen unverkennbar war. Die Einzelheiten der Fälle sind von

E. BAADER im Deutschen Archiv für klinische Medizin 1922 mitgeteilt. Die Fälle sind nebst den dazu gehörigen Kommentaren wie folgt:

Fall 1. Frieda J., 19 Jahre alt, aufgenommen 17. Dezember 1919. Als Kind Masern, sonst nie krank gewesen. Erkrankte akut mit Halsschmerzen, Fieber und Ohnmachtanfall. Seit Einsetzen der Beschwerden bettlägerig. Da nach einer Woche Fieber und Halsschmerzen noch anhielten, konsultierte man einen Halsarzt, der schwere ulceröse jauchige Tonsillitis feststellte und die Patientin am 11. Krankheitstage dem Krankenhaus überwies.

Aufnahmebefund: Körperwärme 40,2. Mittelgroße, schwächliche Patientin. Sensorium frei. Sprache anginös. Gesicht blaß.

Lippen trocken, blutige Rhagaden und Borken. Süßlicher Foetor ex ore. Zunge dick weißlich belegt. Auf dem Zahnfleisch dünne Beläge.

Gaumenbögen livide verfarbt, ebenso die vergrößerten, geschwollenen und stark zerklüfteten Tonsillen. Auf der rechten kleine hirsegroße, ovale, eitrig belegte Ulcerationen. Aus der linken entleert sich auf Druck viel dünnflüssiger Eiter, aus ihr springen zapfenformige Granulationen vor.

Beiderseits Unterkieferwinkeldrüsen von Bohnengröße, links mäßiges periglandulares Ödem. Cubitaldrusen beiderseits palpabel.

Lungen o. B. Herz: Spitzenstoß im 5. Z. R., in der Brustwarzenlinie, noch im 6. Z. R. fühlbar. Töne rein.

Leib weich, nicht druckempfindlich. Milz als derber Tumor drei Querfinger unterhalb des Rippenbogens fühlbar. Milzmaße 10 cm : 13,5 cm. Leber nicht tastbar.

Nervensystem o. B. Urin: Leichte Eiweißtrübung.

Blutbefund (am 14. Krankheitstag): Plättchen 300 800, Hgl. (Sahli) 100, Erythrocyten 4 700 000, Leukocyten 11 000.

Ausstrich: Polymorphkernige Neutrophile 23 %
Eosinophile 1/2 %
Basophile 1/2 %
Lymphocyten 7 1/2 %
Monocyten 68 1/2 %.

Blutungszeit nach DUKE 5 Min. Blutgerinnungszeit bestimmt mit der Hohlperlencapillarmethode nach WERNER SCHULTZ nach 10 Min. beendet. Hammerschlag auf das Sternum hinterläßt keine Blutung. Stauungsversuch RUMPEL-LEEDE ergibt vereinzelte flohstichgroße Blutungen in der Ellenbeuge. Erythrocytenresistenz nach HAMBURGER: Hämolysebeginn tritt bei 4,6 % NaCl-Lösung ein (etwa normal).

14. Krankheitstag: Temperatur zeigt Neigung zum Abfall. Milz unverändert als derber Tumor fühlbar. Leber steht 1—2 cm unterhalb des Rippenbogens in der Mammillarlinie. Beide Tonsillen haben sich gereinigt, sind abgeschwollen. Aus der linken springt ein granulierender Zapfen vor. Urin o. B. Subjektives Wohlbefinden.

Mehrfache Rachenabstriche auf Diphtherie negativ, desgleichen Wassermann negativ. Blutentnahme wegen Verdachts auf Septicämie ergab sterile Blutplatten.

16. Krankheitstag: Patientin fühlt sich so wohl, daß sie aufstehen möchte. (Morgentemperatur 37,1° (rectal). Auf beiden Tonsillen graue Beläge.

19. Krankheitstag: Temperatur normal. Milz und Leber unverändert groß. Patientin steht auf. Völliges Wohlsein. Leukocyten 11 600.

22. Krankheitstag:
Blutbefund: Neutrophile 26%
Lymphocyten 8%
Monocyten 66%.

Patientin wird auf eigenen Wunsch als geheilt entlassen mit der Weisung, sich zur Nachuntersuchung gelegentlich wieder vorzustellen.

Nachuntersuchung genau 2 Monate nach der Entlassung ergibt: Frisches Aussehen, gutes Befinden. Milz und Leber nicht palpabel, von normaler Größe.

Blutbild: Neutrophile 42%
Eosinophile 4%
Basophile 1%
Lymphocyten 25%
Monocyten 28%.

Es bestand also fast ein Vierteljahr nach Ausbruch der Infektion noch eine Monocytose von 28% als Rest der von $68^{1}/_{2}$% bei Beginn der Erkrankung.

Ein sehr ähnlicher Fall, der ebenfalls ganz akut mit hohem Fieber einsetzte, eine schwere Angina mit allgemeinen Drüsenschwellungen bei hohem Fieber und Vergrößerung von Milz und Leber aufwies, sei ferner mitgeteilt. Auch hier handelt es sich um eine erst 18jährige Patientin.

Fall 2. Hedwig K., 18 Jahre alt, aufgenommen am 13. Dezember 1920.

Als Kind Masern, sonst ebenfalls immer gesund gewesen. Akuter Krankheitsbeginn beim Erwachen am Morgen mit Kopf- und Halsschmerzen, Schluckbeschwerden und Schwindelgefühl. Appetitlosigkeit, großer Durst. Wird am 2. Krankheitstage eingeliefert.

Aufnahmebefund: Mittelgroß, mittelkräftig, in gutem Ernährungszustand. Körperwärme 39,8°, Sensorium frei. Herpes labialis. Zunge schmierig gelbgrau belegt. Beide Tonsillen stark vergrößert, die Innenseiten völlig bedeckt mit konfluierenden lacunären Eiterherden. Zäpfchen frei. Beiderseits bohnengroße stark empfindliche Cervicaldrüsen. Erbsengroße Cubitaldrüse rechts.

Lunge o. B. Herz: Grenzen normal. Aktion frequent. Systolisches Geräusch über der Mitralis und Spitze. 2. Pulmonalton akzentuiert.

Leib weich, nicht druckempfindlich. Milz: Bei Rückenlage ist der untere harte Rand drei Querfinger unter dem Rippenbogen in der Mammillarlinie palpabel, in Seitenlage tiefer tretend. Größe 14 cm : 8,5 cm. Leber vergrößert. Relative Dämpfung 16,5 cm, absolute 13 cm in Parasternallinie.

Nervensystem und Urin o. B.

Blutausstrich: Neutrophile 65%
Lymphocyten 11%
Monocyten 24%.
4. Krankheitstag. Temperatur noch bis 40°.
Blutbild: Neutrophile 62%
Lymphocyten 11%
Monocyten 27%.
6. Krankheitstag. Fieber im Abfallen. Die pflaumengroßen Tonsillen haben nur noch geringe Beläge. Mehrmalige Rachenabstriche auf Diphtherie negativ, ebenso Wassermann-Reaktion negativ.
10. Krankheitstag. Temperatur noch subfebril. Allgemeinbefinden gut. Milz und Leber unverändert.
13. Krankheitstag. Temperatur normal. Rachen frei. Außer Bett.
18. Krankheitstag. Geheilt entlassen.
1. Nachuntersuchung (nach 10 Tagen): Geht bei gutem Befinden ihrer Arbeit nach. Milz überragt den Rippenbogen um zwei Querfinger. Leber fast in Nabelhöhle fühlbar.
Blutbild: Neutrophile 78%
Eosinophile 1%
Lymphocyten 16%
Monocyten 5%.
2. Nachuntersuchung (¼ Jahr später). Gesundes Aussehen und Wohlbefinden. Gewichtszunahme um 14 Pfd. Milz überragt in Rückenlage den Rippenbogen noch um etwa ein Querfinger. Größe 11,5 cm : 8 cm. Leber undeutlich, etwa zwei Querfinger unterhalb des Rippenbogens in der Mammillarlinie.
Blutbild: Neutrophile 77 %
Eosinophile ½%
Lymphocyten 12½%
Monocyten 10 %.

Der nächste Fall ist besonders deswegen interessant, weil er zeigt, daß das Individuum keineswegs auf jeden Infekt mit jeweiligem Ansteigen der Monocytenkurve reagiert, sondern bei einem anderen Infekt mit Polynucleose:

Fall 3. Ingeborg M., 12 Jahre alt, aufgenommen am 19. Dezember 1919.
Stammt aus gesunder Familie. In der näheren Umgebung keine Diphtherie. Mit 6 Jahren Masern, Mumps, Röteln, Windpocken. Seit einigen Wochen geschwollene Halsdrüsen, seitdem leicht ermüdbar und viel Kopfschmerzen. Seit 6 Tagen Halsschmerzen beim Schlucken, heftige Kopfschmerzen. Am folgenden Tage stärkere Anschwellung der Drüsen hinter dem linken Ohr. Fieber. Patientin legt sich zu Bett. Da die Schluckbeschwerden zunahmen, am 5. Tage der Halsentzündung 3000 Immunitätseinheiten Diphtherieheilserum. Der Zustand verschlimmert sich aber weiter, daher am 6. Fiebertag Aufnahme im Krankenhaus wegen Diphtherieverdachtes.
Befund: Etwas unterernährtes, mäßig gut entwickeltes Mädchen. Schleimhäute mittelgut durchblutet. Körperwärme 40,2°. Gesicht gedunsen,

Augenlider ödematös. Beiderseits Ketten von Retrocervicaldrüsen, dicke Pakete von Angulardrüsen, links bohnen-, rechts erbsengroße Aurikulardrüse. Beiderseits Axillardrüsengruppen und Cubitaldrüsen. Zunge belegt. Tonsillen stark vergrößert, mit übelriechenden grünlichen Belägen bedeckt.
Herz und Lunge o. B.
Milz deutlich fühlbar. Maße 15 cm : 8,5 cm. Unterer Leberrand in Nabelhöhe fühlbar, von vermehrter Konsistenz. Höhenmessung 14 cm. Zentralnervensystem o. B. Urin: Spuren von Eiweiß.

7. Krankheitstag. Unverändert schlechtes Allgemeinbefinden. Rachenabstrich: Diphtheriebacillen negativ. Erhält nochmals 3000 Immunitätseinheiten.

9. Krankheitstag. Dauernd Fieber um $40°$, unbeeinflußt durch Pyramidon. Beläge der Tonsillen stellenweise schwärzlich nekrotisch. Wassermann negativ. Milz und Leber unverändert groß. Rachen- und Nasenabstrich zum dritten Male frei von Diphtheriebacillen.
Blut: Leukocyten 5100; Erythrocyten 4 680 000; Plättchen 476 720. Hgl. $95°/_0$. Erythrocytenresistenz: bei $0,40°/_0$ NaCl Hämolysebeginn, Blutgerinnungszeit beginnt bei 5 Minuten, Schluß bei 7 Minuten.
Blutausstrich: Neutrophile $34°/_0$
Lymphocyten $10°/_0$
Monocyten $56°/_0$.

11. Krankheitstag. Temperatur etwas tiefer ($38,8°$), Tonsillen bedeutend abgeschwollen, tief ulceriert, zum Teil noch schmierige Beläge.

14. Krankheitstag. Temperatur um 37,5. Lokalisiertes urticarielles Serumexanthem an der Injektionsstelle. Leukocyten 3 970. Leber in Nabelhöhe. Milz 15,5 : 10,5 cm.

16. Krankheitstag. Tonsillen frei. Subjektives Wohlbefinden. Milz und Leber unverändert groß. Urin frei von Eiweiß.

21. Krankheitstag. Temperatur noch leicht erhöht. Völliges Wohlbefinden. Röntgenplatte ergibt normale Thoraxverhältnisse. Milz 13,5 : 9,5 cm.

25. Krankheitstag. Seit 2 Tagen 1 Stunde außer Bett. Heute leichte Temperaturerhöhung $37,9°$.
Blutbild: Leukocyten 5700
Neutrophile $33°/_0$
Eosinophile $3°/_0$
Lymphocyten $11°/_0$
Monocyten $53°/_0$.

Die Kieferwinkeldrüsen haben sich seit Beginn der Behandlung erheblich verkleinert. Die Schwellung des Gesichtes ist ebenfalls zurückgegangen, es ist aber noch immer leicht gedunsen. Leber- und Milzschwellung haben eher zu als abgenommen. Subjektiv völliges Wohlbefinden.

30. Krankheitstag. Temperaturanstieg auf $39°$. Klagen über linksseitige Ohrenschmerzen. Ziemlich starke Druckempfindlichkeit um den äußeren Gehörgang herum, der voll dickflüssigen Eiters. (Otitis media.)

31. Krankheitstag. Ohrenschmerzen noch heftiger. Eitersekretion hat zugenommen. Temperatur über $39°$, keine meningealen Reizsymptome. Leukocyten 4800.

33. Krankheitstag. Ohrenschmerzen lassen nach. Temperatur noch hoch. Starke Eitersekretion.

Blutbild: Neutrophile 60%
Lymphocyten 15%
mittelgroße lymphoide Formen 18%
Monocyten 6%
Eosinophile 1%.

Unmerkliche Übergänge von kleinen Lymphocyten zu mittelgroßen und von diesen zu den Monocyten.

38. Krankheitstag. Temperatur normal. Keine Ohrenschmerzen mehr. Eitersekretion mäßig. Leukocyten 4300. Milz überragt den Rippenbogen bei tiefer Inspiration um 1 Querfinger. Größe 14,25 : 10,5 cm. Leber noch in Nabelhöhe.

Subjektives Wohlbefinden. Steht auf.

Blutbild: Neutrophile 34%
Lymphocyten 32%
mittelgroße lymphoide Formen 10%
Monocyten 17%
Eosinophile 4%
Basophile 3%.

42. Krankheitstag. Auf Wunsch entlassen.

Bei einer Nachuntersuchung 2 Wochen später erweisen sich Leber und Milz als in der Größe unverandert.

Blutausstrich: Neutrophile 52%
Lymphocyten 17%
mittelgroße lymphoide Formen 11%
Monocyten 18%
Eosinophile 2%.

Erneute Nachuntersuchung ¼ Jahr nach der Entlassung aus dem Krankenhause: Patientin völlig beschwerdefrei. Gesundes Aussehen. Leib wenig aufgetrieben. Leber undeutlich 2½ Querfinger unterhalb des Rippenbogens glattrandig fühlbar. Milz weniger resistent als fruher, in Rückenlage 1½ Querfinger unter dem Rippenbogen tastbar, 14.25 : 9 cm.

Blut: Leukocyten 5000
Ausstrich: Neutrophile 51,5%
Lymphocyten 25,5%
Monocyten 16 %
Eosinophile 7 %.

Bei den mittelgroßen lymphoiden Formen ist die Klassifizierung zwischen Lymphocyten und Monocyten nicht eindeutig. Unter den Lymphocyten befindet sich eine größere Anzahl mit breitem Protoplasmaleib und nicht ganz dichtem Kern.

Besonders bemerkenswert ist also, daß die anfängliche Monocytose von 56% nach einer Sekundärinfektion (Otitis media) auf 6% herunterging, um erst nach Abklingen der Sekundärinfektion langsam wieder anzusteigen. Gleichzeitig damit stiegen die

Neutrophilen von anfänglich 34% auf 60%, um dann ebenfalls wieder abzufallen.

3. Nachuntersuchung (nach 2 Jahren). Indessen nie krank gewesen. Befund: frisches Aussehen, Haut und Schleimhäute gut durchblutet. Milz überschreitet bei Inspiration um einen Querfinger den Rippenbogen. Milz gemessen in Rückenlage: $13^{1}/_{4} : 9^{1}/_{2}$ cm. Leber: undeutlich, $1^{1}/_{2}$ Querfinger unter dem Rippenbogen fühlbar. Leberhöhe: in der Mammillarlinie $11 : 15^{1}/_{2}$ cm. Kleine, erbsengroße Cubitaldrüse rechts. Erbsen- bis bohnengroße Kieferwinkeldrüsen, rechts am Nacken bohnengroße Drüse am vorderen Trapeziusrand. Herz, Lungen: o. B. Hämoglobin 96% Sahli.

Blutbild: Leukocyten   6 300.
Polynucleäre $44,5\%$
Lymphocyten $26,5\%$
Monocyten $24,5\%$
Eosinophile $4,5\%$.

Ein weiteres für die Monocytenangina typisch verlaufendes Krankheitsbild bietet

Fall 4. Kurt J., 27 Jahre alt. Aufgenommen am 28. August 1921. Keine Kinderkrankheiten, seit dem 21. Lebensjahr tuberkulöser Lungenspitzenkatarrh mit mehrfachen Hämoptoen. Erkrankte akut mit Schluckbeschwerden, Ohren- und Kopfschmerzen, Fiebergefühl und Mattigkeit, ging zum Arzt, der ein Geschwür auf der linken Tonsille feststellte. Nach 3 Tagen Beschwerden fast verschwunden, sie traten aber am 9. Krankheitstag erneut wieder auf. Da Halsschmerzen und Fieber jetzt stärker, kommt er am 11. Krankheitstage in das Krankenhaus.

Aufnahmebefund: Mäßig kräftig gebauter Mann in entsprechendem Ernährungszustand. Körperwärme $40,8^{0}$, Haut und sichtbare Schleimhäute wenig gut durchblutet, Zunge weißlich belegt, Gebiß intakt. Racheneingang gerötet. Leichtes Ödem der Uvula. Foetor ex ore. Beide Tonsillen haben dünne, kleinlinsengroße, weißliche Beläge, die zum Teil zusammenfließen. Rechts sind die Beläge ausgedehnter als links und etwas schmierig. Beiderseits am Kieferwinkel schmerzhafte, etwa kirschgroße weiche Drüsen. Links über dem Warzenfortsatz eine derbe erbsengroße Drüse. Cubital- und Inguinaldrüsen vergrößert fühlbar.

Lungen: Über der linken Spitze pleuritisches Lederknarren. In der rechten Achsellinie in der Höhe der Schulterblattmitte einige feuchte feinblasige Rasselgeräusche. Keine Schalldifferenzen über den Lungen. Auswurf gering. Tuberkelbacillen negativ. Herz: 2. Pulmonalton und 2. Aortenton akzentuiert, sonst o. B. Leib: weich. Milz etwa zwei Querfinger unter dem Rippenbogen fühlbar. Leber von vermehrter Konsistenz undeutlich palpabel. Nervensystem o. B. Urin: Eiweiß und Zucker negativ.

Blut: Leukocyten   16 000.
Neutrophilen 48%
Lymphocyten 16%
Monocyten 35%
Reizungsform 1%
Eosinophile   —.

13. Krankheitstag. Temperatur noch 40,2. Kopfschmerzen über der Stirn und in den Schläfen. Schluckbeschwerden haben etwas nachgelassen. Die Beläge sind jetzt flächenhafter, ausgedehnter, von weißlich grauer Farbe.

14. Krankheitstag. Auf Pyramidon stellt sich die Temperatur um 1° tiefer ein. Allgemeinbefinden noch sehr gestört. Milz weiter deutlich palpabel, 10 : 6 cm.

Blutausstrich: Neutrophile 55%
Lymphocyten 12%
Monocyten 33%
Eosinophile —.

15. Krankheitstag. Temperatur um 38°, die Beläge auf der linken Tonsille sind stark zurückgegangen. Rechts sind sie noch ziemlich unverändert. Mehrfache Abstriche auf Diphtherie negativ.

19. Krankheitstag. Temperatur noch subfebril (bis 37,8°). Auf der linken Mandel findet sich noch ein Belagrest. Rechts sind die Beläge verschwunden.

Blutbild: Neutrophile 50%
Lymphocyten 20%
Monocyten 30%
Eosinophile —.

20. Krankheitstag. Die Milz ist nicht mehr palpabel. Tonsillen jetzt vollkommen frei. Wassermann negativ.

30. Krankheitstag. Patient hat sich gut erholt, außer Nachtschweißen und abendlichen Temperatursteigerungen bis 38° keinerlei Beschwerden. Milz und Leber nicht mehr nachweislich vergrößert.

Blutbild: Neutrophile 62%
Lymphocyten 21%
Monocyten 16%
Eosinophile 1%.

42. Krankheitstag. Seit 8 Tagen fieberfrei, hat 10 Pfund an Gewicht zugenommen. Klagt über leichte Rauhigkeit im Halse. Tonsillen frei. Wird in eine Lungenheilstätte verlegt.

Nachuntersuchung bisher nicht möglich gewesen.

Fall 5. Paul F., 21 Jahre. Aufgenommen am 28. Mai 1921.

Bisher immer gesund, erkrankte plötzlich mit Hals- und Kopfschmerzen. Der Hals war außen stark geschwollen, besonders links. Patient gurgelte mit Wasserstoffsuperoxyd und essigsaurer Tonerde. War obstipiert. Arbeitete noch 2 Tage, mußte sich dann zu Bett legen. Am 5. Krankheitstage wegen Diphtherieverdacht eingeliefert.

Aufnahmebefund: Mittelkräftig gebauter Mann in befriedigendem Ernährungszustand. Temperatur 40,1°, Sensorium frei. Gesicht leicht gerötet. Haut: Kleine Pyodermien auf dem oberen Teil der Brust. Rachen: Beide Tonsillen walnußgroß geschwollen mit konfluierendem, graubraunem, schmierigem Belag überzogen, der sich teilweise abstreifen läßt, tiefe Krypten, gangränöser Foetor ex ore. Schmaler entzündlicher Hof um den Belag herum. Drüsen: Bohnengroß, beiderseits am Halse vor dem Trapeziuswulst und hinter dem Kopfnicker.

Kleine Drüsen auf dem Proc. mastoideus. Große Achseldrüsen. Rechts eine kleine, links mehrere kleine, bis bohnengroße Cubitaldrüsen. Große Submentaldrüsen und beiderseits sehr große Inguinaldrüsen, besonders links. Brustkorb: Leichte Skoliose und Kyphose. Herz und Lungen o. B. Puls voll und regelmäßig. Leib weich, nicht druckempfindlich, Leber in Nabelhöhe palpabel (Papillarlinie). Relative Dämpfung 22 cm, absolute 15,5 cm. Milz eben unter dem Rippenbogen zu palpieren. Milzgröße: $12^3/_4 : 9^3/_4$ cm. Reflexe o. B. Rachenabstrich: Diphtherie negativ. Therapie: Da der Halsbefund auf Diphtherie sehr verdächtig ist, werden trotz negativen Rachenabstrichs 6000 Immunitatseinheiten Diphtherieserum gegeben. Gurgelung mit H_2O_2.

7. Krankheitstag. Fühlt sich trotz hohen Fiebers nicht ausgesprochen krank. Priesnitz, Adrenalinspray. Rachenabstriche auf Diphtherie und Plaut-Vincent negativ. Abends etwas benommen. Leukocyten 14 600.

Blutbild: Polynucleäre 40%
Lymphocyten 11%
Monocyten 39%.

Rachenabstrich wieder auf Diphtherie negativ, ebenso auf Plaut-Vincent. Es finden sich im Ausstrichpraparat massenhaft Kokken, teils im Haufen liegend, teils in Ketten. Wassermannsche Reaktion negativ.

8. Krankheitstag. Die Belage stoßen sich teilweise ab. Patient fühlt sich subjektiv wohl, Rachenabstrich auf Diphtherie wieder negativ. Dagegen sind jetzt viele fusiforme Stäbchen und Spirillen zu sehen, aber nicht, wie bei einem typischen PLAUT-VINZENT-Fall. Fiebert noch um 39°.

Blutbild: Polynucleäre 39,3%
Lymphocyten 29,6% (kleine; 14,6%, mittelgroße 15%)
Monocyten 25,3%
Plasmazellen 6,3%.

9. Krankheitstag. Leukocyten heute 12 900.
10. Krankheitstag. Die Temperatur ist heute unter 37° abgefallen. Keine Schluckbeschwerden mehr. Beläge auf den Tonsillen bedeutend zurückgegangen.
11. Krankheitstag. Leukocyten 10 900.
12. Krankheitstag. Patient ist entfiebert, steht bei gutem Befinden auf. Die Tonsillen sind noch groß, stark zerklüftet, mit jetzt schon sehr zurückgegangenem Belag bedeckt.
16. Krankheitstag. Tonsillen gereinigt, sehr verkleinert, noch zerklüftet. Milz noch deutlich palpabel.
18. Krankheitstag. Leukocyten: 11 000.

Blutbild: Polynucleäre 16%
Lymphocyten 5%
Monocyten 78%
Eosinophile 1%.

19. Krankheitstag. Patient hat noch die Drüsenvergrößerung, die er bei der Aufnahme zeigte, wie z. B. die murmelgroße Achseldrüse rechts. Beschwerden hat er nicht, die Tonsillen sind narbig zerklüftet, frei von Belag. Milz und Leber unverändert fühlbar. Wird auf eigenen Wunsch geheilt entlassen mit der Weisung, sich nach einiger Zeit wieder vorzustellen.

1. Nachuntersuchung (3 Wochen nach der Entlassung): Lymphdrüsen: Kiefer- und sonstige Halsdrüsen, Achseldrüsen, Inguinaldrüsen gegen früher erheblich verkleinert. Beiderseits erbsengroße Cubitaldrüse. Die größte Drüse ist eine etwa bohnengroße Achseldrüse. Auch Inguinaldrüsen jetzt nur noch bohnengroß. Milz: In Rückenlage und auch in Seitenlage nicht mehr fühlbar. Perkut.: Unsicher, 10 : 6,5 cm. Leber ebenfalls nicht vergrößert. Rachenteile rot, frei von Belägen. Patient klagt über ziehende Schmerzen in den Ellenbogengelenken. Die ersten Tage nach der Entlassung hat er sich noch nicht völlig gesund gefühlt. Hatte wegen Halsschmerzen gegurgelt. Wegen rheumatischer Beschwerden bis jetzt noch nicht wieder gearbeitet.

Blutbild: Polynucleäre 55%
Lymphocyten 10%
Monocyten 32%
Eosinophile 3%.

2. Nachuntersuchung (ein halbes Jahr später).

Gibt an, daß etwa 10 Wochen nach der Entlassung ein starker Ausfall des Kopfhaares eingetreten sei. Nach künstlicher Höhensonnenbestrahlung wieder gutes Wachstum des Haares. Jetzt ist das Kopfhaar dicht und fällt nicht mehr aus. Keine rheumatischen Beschwerden mehr, auch sonst völliges Wohlbefinden.

Befund: Etwas blasse Gesichtsfarbe (Hgl. 90% Sahli korr.), bei sonst gesundem Äußeren. Milz und Leber nicht palpabel, auch nicht nachweislich vergrößert. Perkutorisch: Milz in Seitenlage 10 : 6 cm. Am vorderen Trapeziusrande beiderseits Ketten von unempfindlichen Lymphdrüsen bis Erbsengröße. Auf dem linken Warzenfortsatz zwei kleine Drüsen, an beiden Unterkieferwinkeln weiche, kaum dattelkerngroße Drüsen. In der rechten Achselhöhle zwei kirschkerngroße, in der linken eine Lymphdrüse in gleicher Größe. In beiden Leistenbeugen (rechts 7, links 5) bohnengroße Drüsen, deren strangförmige Anordnung sich bis auf die Innenseite der Oberschenkel erstreckt. Innere Organe der Kopf-, Brust- und Bauchhöhle o. B.

Leukocyten: 11 900.

Blutbild: Polynucleäre 67%
Lymphocyten 22%
Monocyten 9%
Eosinophile 1%
Reizungsformen 1%.

Einzelne Andeutungen über ähnliche Vorkommnisse ließen sich aus der Literatur ermitteln. TÜRK beschrieb im Jahre 1907 den Fall eines 20 jährigen Patienten, der bereits 14 Tage unter hohem Fieber an Halsentzündung und Halsdrüsenschwellung litt, als er in TÜRKs Behandlung trat. Auch eine erhebliche Milzschwellung bestand. Im Blute befand sich eine Leukocytose, und von den weißen Elementen waren 84,82% Lymphocyten und größere einkernige ungranulierte Zellen. Die von TÜRK ursprünglich gestellte Diagnose einer akuten lymphoiden Leukämie bewahrheitete sich nicht, denn der Kranke genas definitiv. In einem weiteren Falle eines 14jährigen Knaben, über den MARCHAND 1913 berichtete, lag eine hartnäckig rezidivierende Angina follicularis vor, die fast 4 Wochen andauerte. Neben der Tonsillitis bestanden ziemlich derbe Lymphdrüsenschwellungen an beiden Halsseiten und ein erheblicher Milztumor. Das Blutbild ergab $10^0/_0$ polynucleäre Leukocyten und $90^0/_0$ mononucleäre ungranulierte Zellen. Im Jahre 1918 veröffentlichte DEUSSING, auf dessen weitere Literaturangaben verwiesen sei, drei Fälle von diphtherieähnlichen Anginen mit lymphatischer Reaktion, die günstig ausliefen. Die höchsten beobachteten Lymphocytenprozentzahlen waren 87, 70 und 62. Diphtherie war sicher auszuschließen. In zahlreichen Abstrichen von Nase, Rachen und Nasenrachenraum wurden in Fall 1 und 2 niemals Diphtheriebacillen nachgewiesen, in Fall 3 ein einziges Mal im Nasenabstrich, nachdem das Kind schon mehrere Tage auf der Diphtherieabteilung gelegen hatte. Alle anderen Untersuchungen auf Diphtherie waren negativ. Der Autor glaubt, daß eine besondere Infektion mit primärer toxischer Einwirkung auf die lymphatischen Organe das ausschlaggebende pathogenetische Moment ist.

Die neuere amerikanische Literatur enthält einige Berichte über offenbar ähnliche Symptomenkomplexe, Fälle von akuter Schwellung des Lymphdrüsensystems, einschließlich der Milz, begleitet von Leukocytosen mit starkem Vorherrschen der Einkernigen. BLOEDORN und HOUGTHON beschrieben das Vorkommen von abnormen Formen von weißen Elementen im Blut im Zusammenhang mit akuten Infektionen als „akute benigne Lymphoblastose". Bei den 4 Krankheitsfällen, die sie anführen, bestand eine Angina, bei dreien davon mit positivem Plaut-Vincentschem Befund. Die beschriebenen Kranken waren 19 bis 20 Jahre alt und wurden geheilt. Ferner berichteten THOMAS, P. SPRUNT und FRANK A. EVANS über eine Leukocytose von Einkernigen als Reaktion auf akute Infektionen unter dem Titel „Infektiöse Lympho-Monocytose". Die 6 Kranken der hier beschriebenen Gruppe standen im Alter von 20 bis 29 Jahren. Die fieberhafte Erkrankung setzte zweimal plötzlich ein. In den übrigen 4 Fallen bestanden prodromale Perioden von 3 bis 4 Wochen. In 4 Fällen war die Milz palpabel. Alle Kranken hatten Halslymphdrüsenschwellung. Die sonstigen Krankheitssymptome differierten stark. Es handelte sich teils um Katarrhe der oberen

Luftwege, teils um Myositiden, teils um unbekannte Infektionen ohne bestimmte Lokalisation, die sämtlich in Heilung übergingen.

Verwandte Vorkommnisse hat man anscheinend in den in Amerika verhältnismäßig häufig beobachteten Fällen von infektiöser Mononucleose mit Drüsenfieber zu erblicken.

Unter LONGCOPES 10 Fällen befanden sich 2 männliche und 8 weibliche Personen, sämtlich unter 30 Jahren. Der Beginn war gewöhnlich subakut. Kopfschmerzen traten in 3 Fällen auf, Fieber in 9, Halsentzündung und Fröste in 5, Husten in 3, Schweiße in 3 und Bauchschmerzen und Erbrechen in 2 Fällen. In einem der Fälle ging dem Krankheitsbeginn eine Otitis media vorauf, in dreien waren die Tonsillen geschwollen, rot und akut entzündet. In 2 anderen Fällen, in denen die Tonsillen früher entfernt wurden, war das lymphatische Rachengewebe geschwollen und der Pharynx rot. Einmal trat die Krankheit nach Tonsillektomie auf. Bei 2 Frauen wurde ein schwacher rotfleckiger Ausschlag auf dem Abdomen beobachtet. In allen Fällen, wenn auch nicht immer gleich zu Beginn, entwickelte sich eine ziemlich ausgedehnte Vergrößerung der oberflächlichen Lymphdrüsen und während dieser Zeit bestand unregelmäßiges, intermittierendes Fieber. Die Fieberdauer betrug 3 Tage bis ungefähr 3 Wochen und hielt in 7 Fällen 2—3 Wochen an. 8mal wurde die Milz palpabel und zuweilen schmerzhaft. In einem Falle wurde die Leber fühlbar. Die Lymphdrüsenschwellung konnte in einigen Fällen noch 1—6 Monate verfolgt werden. Alle Fälle gingen in Heilung aus. Während der 1. Krankheitswoche und zur Zeit der Lymphdrüsenanschwellung trat eine absolute und relative Vermehrung der einkernigen Zellen des Blutes auf. Die Gesamtleukocytenzahl war in 2 Fällen, die erst spät zur Beobachtung kamen, normal, in den übrigen vorübergehend erhöht bis zur Maximalzahl von 26200. Zur Zeit des Anwachsens der einkernigen Zellen waren die granulierten Zellen absolut vermindert, von normal 4000 bis 6000 auf 2000—4000. Die einkernigen Zellen umfaßten außer typischen Lymphocyten und Monocyten einen dritten vorherrschenden Zelltyp. Diese Zellen waren etwas größer als kleine Lymphocyten und enthielten einen ovalen, nierenförmigen, leicht gelappten oder riederförmigen Kern, der sich intensiv färbte, meist keine Nucleolen aufwies und oft exzentrisch gelagert war. Einige der Zellen, die tiefblaues Protoplasma aufwiesen, glichen TÜRKschen Reizungszellen. Die Oxydasereaktion war negativ. Mikroskopische Untersuchung einer Lymphdrüse hatte folgendes Ergebnis: „Die normale Struktur ist fast völlig verschwunden. Es besteht eine ausgesprochene lymphoide Hyperplasie der Keimzentren, deren Zellen karyorrhektische und karyokinetische Kerne zeigen. In den Lymphräumen zwischen den Strängen besteht aktive Proliferation epitheloider Reticulumzellen mit gelegentlicher Bildung großer einkerniger Zellen von beinahe Riesenzellengröße. Einige dieser großen epitheloiden Zellen sind auch mit den Zellen in den Lymphsträngen gemischt. Gelegentlich sieht man einen eosinophilen Leukocyten. Das Bild erinnert sehr an Hodkinsche Krankheit, obwohl man es kaum wagen darf, eine bestimmte Diagnose zu stellen." Bakteriologische und serologische Untersuchungen der Fälle führten zu keinem brauchbaren Ergebnis. Vermutlich handelt es sich nach LONCOPE um eine besondere Krankheitsentität mit unbekannter spezifischer Ursache.

TIDY und DANIEL berichten über eine Epidemie, welche eine Schule von Knaben im Alter von 8—13 Jahren betraf und von einem 23jährigen Lehrer ausging, der an linksseitiger Halsdrüsenschwellung und Halsentzündung ohne Belag mit wenig Allgemeinerscheinungen erkrankte. Die Gesamtkrankenzahl betrug 24. Außer Halsdrüsen wurden auch Achsel- und Abdominaldrüsen befallen. In einigen Fällen wurde über Halsentzündung geklagt, aber niemals fanden sich Beläge. Epistaxis kam 8mal vor, Milzschwellung nur einmal. Zweimal kam es zu Rezidiven. Die Blutleukocytenzahlen waren entweder normal oder etwas erhöht. Es bestand relative Lymphocytose bis 65,5%. Von den Lymphocyten waren oft viele schwer zu klassifizieren, der Protoplasmaleib vielfach größer und stärker gefärbt als bei kleinen Lymphocyten, der Kern riederförmig und exzentrisch, auch typische Großlymphocyten kamen vor. Außerdem wurden 8 sporadische Fälle mit Drüsenfieber beobachtet, von denen 2 hämorrhagische Nephritis aufwiesen. Drüsenfieber und „infektiöse Mononucleose" sind nach Ansicht von TIDY und DANIEL identische Krankheiten.

Nach unseren Mitteilungen ist der erste neuere Beitrag in deutscher Sprache zur Monocytenangina von R. HOPMANN aus der Klinik von SCHWENKENBECHER erschienen. Es handelt sich um den Fall eines 24jährigen Studenten. Von klinischem Interesse ist der Beginn dieses Erkrankungsfalles mit einem 2- bis 3tägigen

Prodromalstadium, während dessen neben dem allgemeinen Mattigkeitsgefühl das Ödem der Augenlider das einzige objektive Symptom bildete. Die Krankheit entwickelte sich mit Fieber und einer lacunären Angina schnell zu einem Höhepunkt. Die Leukocytenzahl betrug 14200, von denen 83% große einkernige lymphoide Zellen darstellten.

Es handelt sich um großkernige Zellen mit bald hellerem, bald dunklerem graublauem basophilem Protoplasma, welches in den meisten Fällen eine zarte Netzstruktur und einen hellen perinucleären Hof aufwies. Häufig sah man feine Azur-Bestäubung wie bei Monocyten. Die Kerne waren leptochromatisch bei bald feinerem, bald gröberem und wabigem Reticulum, in einzelnen waren 2 bis 3 Nucleolen erkennbar. Die Kernform war, besonders in den ersten Praparaten, meist rundlich, oval oder leicht eingebuchtet, später sah man auch unregelmäßige Formen. Einige wenige Zellen enthielten einen pyknotischen scholligen Kern und ein breites, zartes, strukturloses Protoplasma. Zuerst sahen die meisten dieser Formen wie Myeloblasten aus, später mehr monocytär. Formen mit Lymphoblastencharakter bildeten eine verschwindende Minderheit. Übergänge zwischen allen 3 Typen erschwerten oft die Entscheidung der Zugehörigkeit.

In einer neueren Publikation weist HALIR darauf hin, daß auch leichtere Formen, „formes frustes", von Monocytenangina vorkommen und daß sich vermutlich alle Übergänge zwischen solchen und den ausgeprägten Fällen finden. Diese Frage bedarf jedenfalls noch eingehender Bearbeitung.

Bei der Monocytenangina ist nun die Frage zu untersuchen, ob die im Blute gefundene Mononucleose durch die Art der Reaktion des Kranken, eine Konstitutionsanomalie, oder die Eigenart des Infektes bedingt ist. TÜRK äußerte für seinen Fall die Ansicht, daß der Granulocytenapparat sich in einem Zustande der Verkümmerung befände und seine Reaktionsfähigkeit zugunsten der Monocyten mehr oder minder vollkommen eingebüßt habe.

Gegen diese Anschauung spricht eine unserer Beobachtungen, bei der eine im unmittelbaren Anschluß an die Monocytenangina auftretende Sekundärinfektion (Otitis!) keineswegs ein Ansteigen der Monocytenkurve veranlaßte, sondern im Gegenteil ein Absinken derselben von 56% auf 6%, und die Herstellung einer Leukocytenformel mit 60% polynucleären Neutrophilen. Eine Parallelbeobachtung findet sich in der erwähnten Arbeit von SPRUNT und FRANK A. EVANS. Hier reagierte der Patient, bei dem während der Krankheit eine starke Lympho-Monocytose festgestellt war, ein Jahr später gelegentlich einer gewöhnlichen akuten

Tonsillitis mit einer Polynucleose. Diesen Beobachtungen reiht sich als dritte diejenige R. HOPMANNs an, die der Monocytenangina nahe steht. Hier schlug das Blutbild nach Milchinjektion um, und es kam eine neutrophile Leukocytose von 80% zum Vorschein.

Obduktionsbefunde über die Monocytenangina liegen bisher nicht vor. Es ist aber zu vermuten, daß es sich bei dem pathologisch-anatomischen Substrat um eine Systemerkrankung des lympho-monocytären Apparates handelt.

Als besonders interessantes Ereignis entnehme ich einer Arbeit von M. FRIESLEBEN das Vorkommen von Spontanruptur der Milz bei einem 27jährigen Kaufmann in Anschluß an eine Angina, die mit Lympho-Monocytose verlaufen zu sein scheint. Die Milzuntersuchung ergab nach erfolgreicher Operation einen Befund, der an Leukämie denken ließ, jedoch sprach der weitere Verlauf gegen diese Diagnose.

Die Differentialdiagnose der Fälle basiert, abgesehen von charakteristischen äußeren klinischen Zeichen, auf der Beschaffenheit des Blutbildes. Daß auch hier noch eine gewisse Zurückhaltung am Platze ist, lehrte uns noch kürzlich ein Fall, der des praktischen Interesses halber kurz wiedergegeben sein mag.

Es handelt sich um die Erkrankung eines 17jährigen Hausmädchens, Luise F., welches am 19. 11. 24 in das Krankenhaus Westend aufgenommen wurde. Sie war ihrer Angabe nach schon seit Anfang November nicht wohl, hatte öfter Kopfschmerzen und Frieren. Am 9. 11. 24 traten Halsschmerzen und Fieber auf. Sie legte sich aber erst 4 Tage später zu Bett. Nachdem im Halsabstrich Diphtheriebacillen festgestellt waren, erhielt sie am Aufnahmetage vom behandelnden Hausarzt 3000 I.-E. Diphtherieserum.

Die am gleichen Tage vorgenommene Untersuchung des Mädchens im Krankenhause ergab einen leidlichen Ernährungszustand der schmächtig gebauten Kranken, die 38,2° Temperatur aufwies. Im Halse zeigte die linke Tonsille grauweiße bröcklige Belage, die beim Abstreifen eine blutende Unterlage zutage förderten. Halslymphdrüsen nicht nennenswert vergrößert. Brustorgane o. B. Leber und Milz waren vergrößert, palpabel. Der Urin war ohne Eiweiß und Zucker. Das Zentralnervensystem wies keine Besonderheiten auf. Das Blut zeigte bei 6000 Gesamtleukocytenzahl folgendes Differentialbild: Polynucleäre Neutrophile 44%, Lymphocyten 40%, Monocyten 16%. Die gefundenen Zellformen zeigten keinen pathologischen Charakter. Der Zustand besserte sich zunächst, so daß die Kranke am 23. 11. 1924 nahezu fieberfrei war, und man glaubte mit der Annahme einer Monocytenangina richtig gegangen zu sein. Etwas auffallend war nur der an diesem Tage erhobene Blutbefund, der jetzt 40% Polynucleare, 54% Lymphocyten und nur 4% Monocyten aufwies, ferner je 1% Basophile und Reizungsformen.

Gegen Ende des Monats November schlug das Krankheitsbild um. Die Temperatur ging in die Höhe, lag meist um 39° während das Allgemeinbefinden sich verschlechterte. Eine blutende Lippenrhagade trat auf. Es entwickelten sich eine auffallende allgemeine Muskelschmerzhaftigkeit, ein fleckiges Exanthem von septischem Charakter. Hamatombildung der Haut. Das Blutbild wandelte sich immer mehr im Sinne einer Lymphocytose um bei gleichzeitigem starken Rückgang der Blutplattchen. Die Leukocytenzahlen des Blutes gingen immer mehr zurück. Sie betrugen an den letzten drei Tagen 760, 570, 270 im Kubikmillimeter.

Unter diesen Umständen mußte die ursprünglich gestellte Diagnose fallen gelassen werden und der Annahme einer aleukocythämischen lymphatischen Leukämie weichen, die sich auch nach dem am 9. Dezember 1924 erfolgten Tode der Patientin bei der Obduktion bestatigte.

Im Kapitel der Angina luetica ist angeführt, daß auch diese Affektion gelegentlich unter deutlicher Steigerung der Blutmonocytenzahl, im angeführten Beispiel mit 18%, verlaufen kann.

Auch bei der Plaut-Vincentschen Angina kommt ähnliches zur Beobachtung. Wir sahen kürzlich den Fall eines 9 jährigen Mädchens mit Plaut-Vincentschem Ulcus der rechten Mandel bei folgendem Befund der Blutleukocyten: Gesamtzahl 6800 in 1 cmm; Differentialzählung: Polynucleäre Neutrophile 57%, Lymphocyten 28%, Monocyten 12%, Reizungsformen 3%, Eosinophile 0%. Bezüglich des Blutbildes bei Peritonsillitis sei auf das dort Gesagte verwiesen. Monocytose mäßigen Grades kommt schließlich auch bei Diphtherie zur Beobachtung.

Die Prognose der eigentlichen Monocytenangina mußte nach den bisher beobachteten Fällen günstig gestellt werden. Es ist bisher kein zur Obduktion gekommener Fall bekannt.

Die Therapie der Fälle ist nach den für Tonsillitiden allgemein gültigen Grundsätzen gehandhabt.

Plaut-Vincentsche Angina.

Die Angina ulcero-membranacea (Plaut-Vincent) kommt unter den Erkrankungen der Tonsillen und ihrer Umgebung häufiger vor als im allgemeinen angenommen wird. Wir konnten bei uns feststellen, daß während des Zeitraums vom 1. März 1919 bis zum 31. Dezember 1920 auf den für Halserkrankungen bestimmten Pavillons neben 314 auf die Rachenteile lokalisierten Diphtheriefällen (Diphtheriebacillenträger eingeschlossen) 53 Fälle von Angina Plaut-Vincenti diagnostiziert werden mußten.

Die Plaut-Vincentsche Angina beginnt in der Regel mit verhältnismäßig schwachen lokalen Symptomen, meist nur mit Halsschmerzen bei geringen Allgemeinerscheinungen und geringer oder fehlender Temperatursteigerung. Es ist mir immer wieder aufgefallen, daß die Patienten sehr häufig die Frage, ob sie sich überhaupt krank fühlen, mit einem glatten „Nein" beantworten. Andererseits kommen aber auch Fälle vor, die hoch fieberhaft

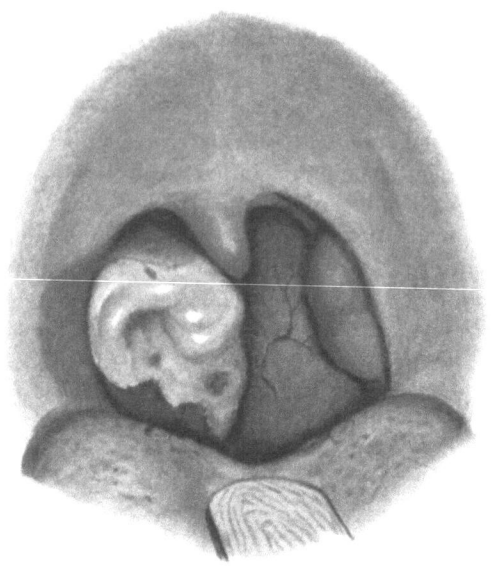

Abb. 6. Angina Plaut-Vincenti, diphtheroide Form.
(Nach JOCHMANN-HEGLER.)

verlaufen. Der Lokalbefund ist in der Regel einseitig, außer den Tonsillen können auch Uvula und benachbarte Teile des weichen Gaumens befallen sein, wodurch die Ähnlichkeit mit Diphtherie frappant werden kann. Von den allgemeinen (ulcerativen) Mundschleimhauterkrankungen der fuso-spirillären Symbiose soll in dieser Darstellung nicht die Rede sein. Bei der Plaut-Vincentschen Angina kommen diphtheroide, ulcero-membranöse und lacunäre Formen vor. Die Existenz der letztgenannten Formen ergibt sich daraus, daß man Fälle zur Beobachtung bekommt, die auf der einen Seite ulcero-membranösen Charakter, auf der anderen Seite lacunären haben. Das Aussehen des gelblichgrauen Belages bei der diphtheroiden Form unterscheidet sich, wie bereits erwähnt, oft nur wenig von Diphtherie. Es ist indessen vielfach bemerkenswert, daß die Reaktion der Umgebung auffallend gering ist. Nur eine schmale, schwach lividrötliche Zone trennt den Erkrankungsherd von dem gesunden Gewebe. Im ulcerösen Stadium mit schmierigem Belag und reichlicher Eitersekretion ist wiederholt an luetisches Gumma gedacht. Häufig besteht gleichzeitig Gingivitis.

Gelegentlich sind Plaut-Vincentsche Geschwüre außer in der Mundhöhle auch am Anus beobachtet. Regionäre Lymphdrüsenschwellungen am Halse sind häufig, aber nicht konstant vorhanden. Eine Beteiligung von inneren Organen am Krankheitsprozeß macht sich nicht bemerkbar.

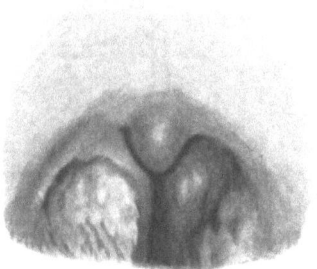

Abb. 7. Angina Plaut-Vincenti, ulceröse Form. (Nach JOCHMANN-HEGLER.)

Was das Lebensalter der Patienten betrifft, so war in unseren von TARNOW zusammengestellten Fällen das Alter von 17 bis 22 Jahren bevorzugt (33 Fälle), einige Fälle waren darunter oder darüber, der jüngste Patient war 2, der älteste 35 Jahre alt. Männer waren häufiger befallen als Frauen (33 : 20).

Die Neigung zu Rezidiven ist im allgemeinen gering. Bei BECK und KERL sind 3 derartige Fälle angeführt.

Die bakteriologische Untersuchung ergibt besonders im Grunde des Geschwürs die reichliche Anwesenheit von Spirillen und fusiformen Stäbchen, die im direkten Abstrich oft massenhaft nachweisbar sind. In einigen wenigen Fällen findet man bei einwandfreien Plaut-Vincentfällen neben der charakteristischen Flora außerdem im direkten Rachenabstrich und kulturell Diphtheriebacillen. Offenbar hat es sich bei diesen Patienten um Bacillenträger gehandelt.

Die hämatologische Untersuchung bietet eine gewisse Handhabe, die Diagnose zu stützen. Wir fanden in 8 Fällen an den ersten Krankheitstagen die Leukocytenzahl zwischen 8000 und

14000. Die Differentialzählung ergab, daß durchschnittlich der Prozentsatz der einkernigen Formen, sowohl der Lymphocyten wie auch der großen Mononucleären auf Kosten der neutrophilen polynucleären Leukocyten heraufgesetzt ist, der ersteren im Durchschnitt auf 30—35%, der letzteren im allgemeinen auf das Doppelte bis Dreifache ihres Normalwertes. Während die polynucleären neutrophilen Leukocyten normalerweise 65—70% bei der Differentialzählung ausmachen, fanden wir bei 8 näher verfolgten Fällen für diese folgende Zahlen: 49,66%, 55%, 55%, 53,66%, 64,70%, 57,33%, 27%, 60%. Die Berücksichtigung dieses Befundes läßt sich gegen die Diagnose Diphtherie verwerten, bei der meistens eine erhebliche Polynucleose besteht. Die Auszählung der polynucleären Neutrophilen nach ARNETH ergab durchgehends eine zum Teil recht erhebliche Verschiebung des Blutbildes nach links. Hieraus folgt, daß auch die Angina Plaut-Vincenti keine rein lokale Erkrankung ist, sondern auch das Geschehen im Knochenmark beeinflußt. Was die eosinophilen Leukocyten betrifft, so fanden wir die Zahlen derselben im ganzen eher an der unteren Grenze der Norm. Einen Fall mit Eosinophilie bis 11% veröffentlichte F. PETER aus der ersten medizinischen Abteilung des Krankenhauses München-Schwabing. Es handelte sich um eine 21jährige Patientin. Die acidophilen Zellen erreichten ihre größte Zahl im Höhepunkt der Krankheit und fielen mit zunehmender Heilung wieder zu normalen Werten ab. Parallel mit dem Blutverhalten zeigte sich eine Eosinophilie des Rachenabstrichs, die ebenfalls der Entwicklung der lokalen Symptome in ihrer Intensität folgte. F. PETER glaubt, daß man einen solchen Befund unter Umständen differentialdiagnostisch gegenüber Diphtherie und Syphilis erfolgreich verwerten könnte. Die Feststellung des Blutbildes sollte in keinem Falle von Plaut-Vincentscher Angina unterlassen werden. Geschwürige Mundhöhlenprozesse mit Fusospirillose fanden PACKARD und FLOOD auch in einem tödlich verlaufenen Fall von akuter Myeloblastenleukämie.

Die Differentialdiagnose hat gegenüber folgenden Prozessen zu erfolgen:
Diphtherie,
luetischen Primäraffekten der Tonsille,
Lues 2,
Gumma,
Neoplasmen.

Gegenüber Diphtherie ist zu betonen, daß die Manifestationen der Plaut-Vincentschen Angina sich meist streng im Gebiet der Tonsille selbst abspielen, während die Löfflerdiphtherie sehr häufig auf Gaumenbögen, benachbarte Teile des weichen Gaumens und Uvula übergreift. Diese Regel ist allerdings nicht ohne Ausnahme. Ich verfüge selbst über eine Moulage, welche demonstriert, daß auch beim Plaut-Vincent weicher Gaumen und Uvula mitbefallen sein können. Der meist charakteristische Unterschied in der Schwere der Allgemeinerscheinungen ist bereits erwähnt. Im mikroskopischen Bilde des sorgfältig besonders aus der Tiefe der Ulceration entnommenen Abstrichs spricht das Fehlen von fusiformen Stäbchen und Spirillen gegen Plaut-Vincent. Der Befund von Diphtheriebacillen stößt dagegen nicht unter allen Umständen die Diagnose um, da schließlich auch ein Diphtheriebacillenträger nicht gegen das Befallensein mit Angina ulcero-membranacea gefeit ist. Die Blutbilder zeigen, wie in den betreffenden Abschnitten erwähnt, Unterschiede bei der Differentialzählung, indessen können die besonderen Eigentümlichkeiten des kindlichen Blutbildes mit seinem physiologischen Überwiegen der einkernigen Elemente die Beurteilung erschweren.

Bezüglich der luetischen Initialsklerose besteht nach BECK und KERL ein wichtiger Unterschied darin, daß bei der Lues jedem ulcerösen Stadium ein infiltratives vorausgeht, während bei der Angina Plaut-Vincent die Ulceration einer kurzdauernden Hyperämie mit eventuellem Ödem raschest folgt.

Bei der primären Lues findet man das Ulcus von einer infiltrierten Randzone umgeben. Die zerfallenen Gewebsmassen haben einen festeren und innigeren Zusammenhalt sowohl untereinander als auch mit der Umgebung des Ulcus (Sklerose). Dabei ist die Geschwürsfläche speckig, oft, aber nicht immer, schmerzlos. Während die luetische Affektion tagelang unverändert bleibt, pflegt der Prozeß der ulcerösen Angina rascher fortzuschreiten. Ein weiteres differentialdiagnostisches Moment ist das Verhalten der regionären Drüsen, die bei primärer Lues schmerzlos sind, während bei Plaut-Vincent Schmerzhaftigkeit sowohl spontan wie auf Druck besteht. Ferner sollen die Drüsen beim Primäraffekt härter sein. Desgleichen wird angegeben, daß die subjektiven Schluckbeschwerden und die Schmerzen im Hals bei der primären Lues fast ganz fehlen. Die Wassermannsche Reaktion läßt hier im Stich, wogegen durch die von E. HOFFMANN angegebene Drüsenpunktion eventuell eine Klärung möglich ist.

Gegenüber den sekundär-luetischen Erscheinungen, die mit Plaut-Vincentscher Angina verwechselt werden könnten, ist der Ausfall der Wassermannschen Reaktion von entscheidender Bedeutung. Ulceröse Angina luetica pflegt doppelseitig aufzutreten und BECK und KERL betonen als wichtiges Unterscheidungsmerkmal das Vorhandensein einer infiltrierten Zone zwischen Ulceration und normalem Tonsillengewebe bei der Lues. Sie weisen ferner darauf hin, daß schwere ulceröse Formen der Lues gewöhnlich multipel an verschiedenen Stellen der Mundschleimhaut auftreten.

Von der Plaut-Vincentschen Angina unterscheidet sich das Gumma, wie angegeben wird, durch vollständige Schmerzlosigkeit der Affektion und afebrilen Verlauf. Da dem Zerfallsprozeß längere Zeit eine derbe Infiltration vorausgeht, so läßt sich auch zur Zeit der Ulceration noch konstatieren, daß das gummöse Ulcus von einer breiten, derben, infiltrierten Zone umgeben ist. Analog dem Verhalten des Primäraffektes der Tonsille schreitet auch der tertiär-luetische Prozeß nicht so rasch vor als der Plaut-Vincentsche.

Was Neoplasmen betrifft, so müssen bei Sarkom oder Carcinom der Tonsille eventuell Probeexcisionen Aufklärung bringen, soweit diese nicht schon durch den Allgemeinstatus erfolgt ist.

Therapeutisch wird die lokale Applikation von Salvarsanglycerin ($5-10\%$) empfohlen. Übrigens ist auch Glycerin allein nicht unwirksam. Man kann auch Salvarsan in wässeriger Lösung (0,15 Neosalvarsan auf 2 ccm Wasser) (BECK und KERL) oder in Pulverform anwenden. Das Mittel muß 10—15 Minuten auf die erkrankte Partie aufgedrückt werden. Für Silbersalvarsan beträgt die übliche Dosis nach den gleichen Autoren 0,1 auf 6 ccm Wasser. Behandlung täglich oder jeden zweiten Tag. Ein Teil der Autoren hat Salvarsan in mittleren Dosen intravenös angewandt. Bei der doch stets günstigen Prognose der Krankheit scheint die Anwendung einer so heroischen Medikation reichlich gewagt.

Bezüglich der Allgemeinbehandlung ist Bettruhe nur bei Fieberzuständen nötig. Wir haben die Kranken sich meist außer Bett aufhalten lassen und bei geeignetem Wetter auch vom Aufenthalt im Freien keinen Schaden gesehen.

Lues der Mandeln.

Die Tonsillen können Sitz der syphilitischen Initialsklerose sein. In der Auflage von LESSERS Lehrbuch der Geschlechtskrankheiten von 1901 findet sich die Notiz, daß nach POSPELOW der Primäraffekt des Rachens in Moskau fast ebenso häufig ist wie der Lippenschanker. Es kommt zu einer harten, wie CITRON angibt, oft schmerzhaften Vergrößerung der Tonsillen. Das Geschwür, welches sich zu bilden pflegt, hat harte, unregelmäßige Ränder und einen grauen Belag. Die geschwollenen Kieferwinkeldrüsen können insbesondere bei Mischinfektion schmerzhaft werden. Die Dif-

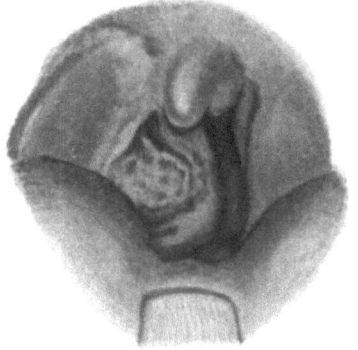
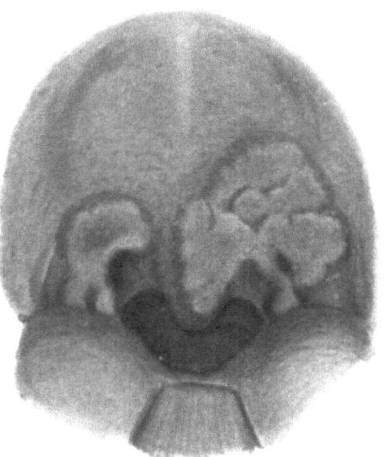

Abb. 8. Primäraffekt der rechten Tonsille und Plaques auf dem rechten Gaumenbogen.

Abb. 9. Plaques muqueuses.

ferentialdiagnose ist im vorigen Kapitel besprochen. Eine Beobachtung von BRUHNS ist in der Abb. 8 wiedergegeben.

Die Verwechslung der akuten sekundär-syphilitischen Erkrankungen der Rachenteile mit Diphtherie oder gewöhnlicher Tonsillitis ist, wie man sich auf Grund der Aufnahmen auf die innere Abteilung überzeugen kann, ein sich alljährlich regelmäßig wiederholendes Ereignis. Während die Schleimhauterkrankungen der sekundären Lues meist gleichzeitig mit den Hautaffektionen auftreten, können in weniger häufigen Fällen die letzteren entweder ganz fehlen oder so schwach ausgebildet sein, daß man sie übersieht. Man unterscheidet bekanntlich 3 Formen von Schleimhautsyphiliden, zwischen denen alle Übergänge vorkommen: Das erythematös-erosive, das papulöse und das ulceröse Syphilid. In der ersten der genannten Formen entwickelt sich die Angina specifica als eine düstere Rötung und Schwellung, welche sich scharf gegen die Nachbarschaft abgrenzt. Das Epithel sieht entweder normal oder leicht getrübt, grau gefärbt aus. Nicht selten kommt es zu kleinen oberflächlichen Erosionen. Durch Zunahme des entzündlichen Infiltrats entwickeln sich Schleimhautpapeln,

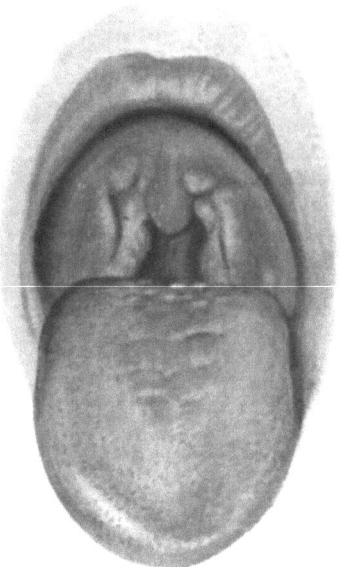
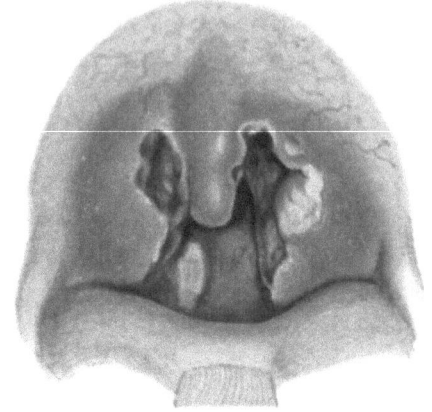

Abb. 10. Angina specifica (Lues II).   Abb. 11. Angina ulcerosa (Lues II) mit Beteiligung der Uvula.

Plaques muqueuses. Der Ausdruck „Plaques opalines" rührt von der grauen, etwas opalisierenden Farbe der Papeln her.

Kommt es an Stelle der oberflächlichen Erosionen zu tieferen, die mit gelblich-fibrinösem Belag bedeckt sind, so hat man den Übergang zur ulcerösen Form, die mit tiefem Substanzverlust einer in Abstoßung begriffenen Diphtherie oder Plaut-Vincentschen Angina sehr ähnlich aussehen kann. Die Tonsillen sind, wie CITRON ausführt, bei der Angina syphilitica zuweilen unverändert und verschwinden dann fast zwischen den verdickten Gaumenbögen. In gewissen Fällen, wo die Tonsillen allein erkranken, können die Papeln an kleine Pfröpfchen erinnern, die der Kryptenmündung aufsitzen. Die Verwechslung mit einer einfachen Angina liegt dann sehr nahe.

Man kann ohne Übertreibung von einem proteusartigen Aussehen der spezifischen Angina sprechen: Alle Formen von der lacunären Angina über diphtherieähnliche und oberflächlich nekrotisierende Formen bis zu tiefen ulcerösen können im Bereiche der Mandeln und ihrer unmittelbaren Nachbarschaft beobachtet werden.

Auch das Blutbild kann hier im Stiche lassen. Ich beobachtete noch vor kurzem den Fall einer ulcerösen Angina bei einem

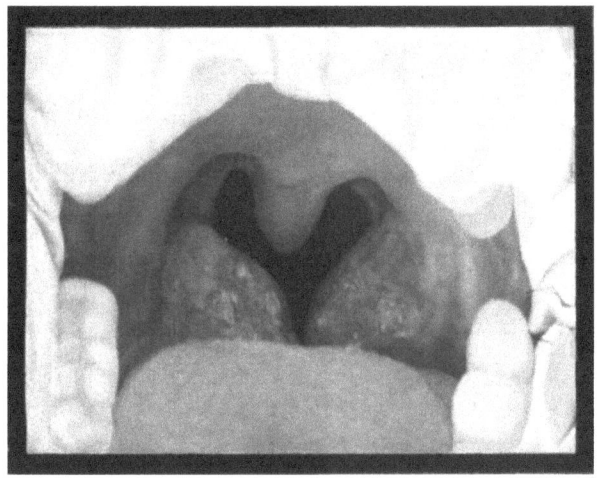

Abb. 12. Angina specifica (Lues II). (Nach MORAL-FRIEBOES.)

22jährigen jungen Mann, dessen Blutbefund an die Monocytenangina erinnerte, mit folgender Differentialzählung: Polynucleäre 58%, Lymphocyten 20%, Monocyten 18%, Eosinophile 4%. Fusiforme Stäbchen und Spirillen fehlten bei wiederholter Untersuchung. Erst das Hervortreten eines papulösen Hautausschlags unter positivem Ausfall der Wassermannschen Reaktion klärte die Diagnose.

Die sekundär-luetische Tonsillitis kann einer gewöhnlichen Angina zum Verwechseln ähnlich aussehen. Im Atlas der Mundkrankheiten von MORAL und FRIEBOES (Abb. 217, Taf. 75) ist ein derartiger Fall abgebildet. Man sieht hier bei näherer Betrachtung um die Pfröpfe, welche die Follikeltaschen ausfüllen, eine schleierartig weiße Verfärbung, wodurch der Verdacht auf Syphilis gerechtfertigt wird. Spirochaeta pallida war positiv.

Prognose und Therapie entsprechen den für die Syphilis allgemein geltenden Grundsätzen.

Mandelaffektionen bei Gonorrhöe.

Die bei kleinen Kindern 5 bis 12 Tage nach der Geburt wiederholt beobachtete Stomatitis gonorrhoica mit Bildung von oberflächlichen, eitrig belegten Defekten und Pseudomembranen pflegt im allgemeinen Zunge, Gaumen und Teile der Wangenschleimhaut, nicht gerade die Tonsillen zu befallen.

In einem von TRAUTMANN aufgeführten Falle CESARE NICOLINIS, der kleinen Tochter gonorrhoischer Eltern, welche irgendwie das Kind direkt infiziert hatten, kam es außer eitrigen Belägen in verschiedenen Bezirken der Mundhöhle, auf der Tonsille und dem weichen Gaumen zu einem der Angina ulceromembranacea ähnlichen Bilde. Die Membranbildung gab Anlaß zur Diagnose Diphtherie, um so mehr, als sich Larynxstenose hinzugesellte. Statt Löfflerbacillen wurden Gonokokken fast in Reinkultur gefunden. Auch beim Erwachsenen bewirkt die gonorrhoische Infektion der Mundhöhle entzündliche Schwellungen der Mundschleimhaut, eitrige Exsudate und pseudomembranöse Auflagerungen. Neben der direkten lokalen Infektion kommen auch metastasierende Gonokokkeninfekte in Frage. Auch Mischinfekte sollen vorkommen.

Im Falle der Gonokokkensepsis eines jungen Mädchens, welcher von E. GRAWITZ in seiner Dissertation (Berlin 1924) publiziert ist, trat interkurrent eine Tonsillitis von diphtherieartigem Charakter bei diphtherienegativem Kulturbefund auf.

Ich glaube annehmen zu dürfen, daß hier die Gonokokkensepsis in ähnlicher Weise bahnend für die Entstehung der Tonsillitis gewirkt hat, wie dies für andere Infektionszustände als geläufig angesehen wird, daß also das Auftreten dieser Komplikation in engem pathogenetischem Konnex zum Grundleiden stand. Diese Auffassung drängte sich um so mehr auf, als ein morbilliformes Exanthem und eine hämorrhagische Diathese, die später nacheinander auftraten, weitere Beweise für die eigenartige biologische Allgemeinwirkung dieser Sepsisform lieferten.

Zur Behandlung der Stomatitis gonorrhoica werden Pinselungen mit Protargollösung (1%) oder Höllensteinlösung (0,5%) empfohlen. Mundreinigung mit Kamillentee.

Akut verlaufende Tuberkulose der Rachenteile.
(Tuberkulöse Angina.)

Die Tuberkulose der Rachenteile ist als meist chronische Affektion nicht Gegenstand dieser Darstellung. Nichtsdestoweniger sei ein derartiger **Fall mit ganz akutem Beginn** als seltenes Ereignis mitgeteilt.

Es handelt sich um einen 26jährigen Kaufmann Hans F. mit schwerer progredienter Lungen- und Kehlkopftuberkulose, dessen hier interessierende Angaben folgende sind: Seit einigen Wochen bestehen Husten und Auswurf, seit 14 Tagen Heiserkeit. 7 Tage vor der am 9. 3. 1923 erfolgten Krankenhausaufnahme erkrankte der Patient an Halsschmerzen, Kopfschmerzen, Husten und Erbrechen. Die Symptome verschlimmerten sich in den nächsten Tagen unter Hinzutritt von Schüttelfrösten und Fieber.

Der Befund der Rachenteile war folgender:

Es besteht eine mehr oder weniger ausgesprochene Schwellung und Rötung der Rachenteile, besonders der Uvula und der angrenzenden Teile des weichen Gaumens. Auf Tonsillen, Gaumenbögen, Uvula und den angrenzenden Teilen des weichen Gaumens sieht man außer abstreifbarem schmierigen Belag in der Schleimhautoberfläche zahlreiche linsengroße weißliche Stippchen, die nicht abstreifbar sind.

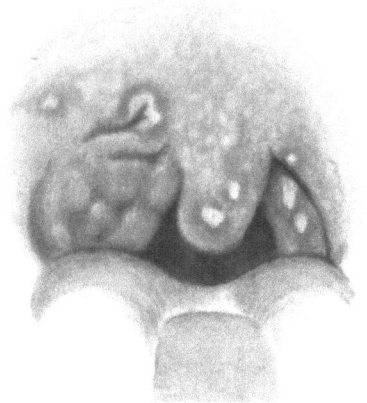

Abb. 13. Akut verlaufende tuberkulöse Erkrankung der Mundrachenhöhle.

Sehr bald vollzieht sich nun in den folgenden Tagen ein Zerfall dieser Stippchen, und die befallenen Teile gewinnen im Laufe der weiteren Beobachtung von Tag zu Tag mehr das Aussehen der ulcerierenden

Weichteiltuberkulose. Die beigegebene Abbildung gibt den Übergang von Stippchen in Ulcera gut wieder.

Die Therapie mußte sich auf die übliche symptomatische Linderung der Beschwerden beschränken. Der Fall endete tödlich am 25. 4. 1923. Die Obduktion bestätigte den klinischen Befund.

Eine kleine Anzahl von Fällen von akuter Pharynxtuberkulose bei Kindern findet sich bei G. TRAUTMANN zusammengestellt.

Mandelerkrankungen bei schweren akut verlaufenden Affektionen des hämatopoetischen Apparates.

Die im Zusammenhang mit Knochenmarkserkrankungen auftretenden Tonsillenaffektionen haben schon häufig die Aufmerksamkeit auf sich gelenkt. Indessen sind die Krankheitszustände so verwickelt und zum Teil noch so wenig geklärt, daß das Verhältnis der einzelnen Kategorien zueinander noch nicht als feststehend angesehen werden kann, und noch manches Neue in der Betrachtung dieses Gegenstandes zu erwarten ist.

Die Mandelerkrankungen dieser Gruppe sind Manifestationen einer bereits bestehenden schweren Allgemeinerkrankung von ungeklärter Ätiologie, meist schlechter Prognose und bisher therapeutisch einer irgendwie gearteten spezifischen Angriffsmöglichkeit entbehrend. Die Pathogenese und Therapie der hämorrhagischen Zustände ist kürzlich von mir in einer Monographie bearbeitet, auf die bezüglich der einschlägigen Fragen verwiesen werden muß.

Akute Leukämie.

Nicht so sehr selten gelangen akute Leukämien auf die Abteilung für Halskranke. Der Grund liegt in der oft frühzeitigen Beteiligung der Mundhöhle, speziell der Tonsillen, die zunächst unter dem Bilde einer einfachen lacunären Angina verlaufen kann, wobei unter Umständen die für unkomplizierte Fälle ungewöhnliche akute Beteiligung des Zahnfleisches einen ersten Hinweis auf die Sonderstellung des Falles gibt. Die Kombination Tonsillitis + akute Gingivitis ist ganz allgemein bei den Systemerkrankungen des hämatopoetischen Apparats relativ häufig, allerdings auch der Plaut-Vincentschen Fusospirillose zu eigen. Sehr charakteristisch für die Tonsillenerkrankung bei akuter Leukämie ist der oft sehr rasche, in wenigen Tagen erfolgende Wechsel der Szenerie von lacunärer Angina, zu Diphtherie und Gangrän. Wir unterscheiden eine akute myeloische, lymphatische und Monocytenleukämie (RESCHAD und SCHILLING). Die letztere sicherlich sehr seltene Form ist noch Gegenstand der Diskussion. NÄGELI hält sie für eine Variante der Myeloblastenleukämie. Schließlich gibt es noch in der Literatur ebenfalls umstrittene Formen akuter Leukämien, die als gemischte angesehen werden, bei denen man eine gleichzeitige Myelose und Lymphadenose annehmen zu müssen glaubte. Die Differentialdiagnose der typischen Formen kann in der Regel intra vitam aus dem Blutbild rasch erschlossen werden, dessen nähere Besprechung weiter unten erfolgen wird. Es kommen aber auch Fälle vor, deren letzte Deutung man dem pathologischen Anatomen überlassen muß. Besonders schwierig sind in dieser Beziehung die aleukocytämischen Leukämien, die gesondert besprochen werden.

Der klinische Verlauf ist etwa folgender: Bei fieberhaftem Beginn mit Kopf-, Kreuz- und Gliederschmerzen stellt sich zuerst eine Angina oder ein geschwüriger Prozeß in der Mundhöhle ein. Auch Genitalulcera sind als erste Lokalisationen beschrieben. Was aber sehr bald das Abweichende des Falles von den harmlosen Anginen hervortreten läßt, sind die Erscheinungen von allgemeiner hämorrhagischer Diathese und Anämie, die sich entwickeln. Infolge unaufhörlichen Sickerns von Blut schwimmt die Mundhöhle von blutigem Sekret und der geöffnete Mund strömt einen eigenartigen charakteristischen Geruch nach Blut und Fäulnis aus, wenn die Angina oder die geschwürigen Prozesse in der Mundhöhle einen gangränösen Charakter annehmen. Weitere Hinweise können die Diagnose unterstützen: Lokale oder generalisierte Lymphdrüsenschwellung, Leberschwellung, Milztumor. Aber auch in sonst typischen Fällen können klinisch die Organvergrößerungen vermißt werden. Die Affektionen pflegen in Tagen, Wochen oder Monaten letal zu enden.

Hämatologisch zeigen die mit oft beträchtlicher Leukocytenvermehrung einhergehenden akuten Myelosen eine besondere Eigenart des Blutbildes. Man findet oft auffallend viele unreife Myeloblasten, Lymphoidocyten nach der Nomenklatur PAPPENHEIMS. Es sind große runde, schmalleibige Zellen, mit basophilem, ungranuliertem Protoplasma und einem ebenfalls runden Kern, der feinnetzig, leptochromatisch, aussieht und oft eine größere Anzahl von Nucleolen beherbergt. Außer diesen auch im normalen Knochenmark vorhandenen Elementen sieht man den Lymphoidocyten nahestehende Formen, welche sich von diesen durch eine starke Lappung des Kernes unterscheiden, so

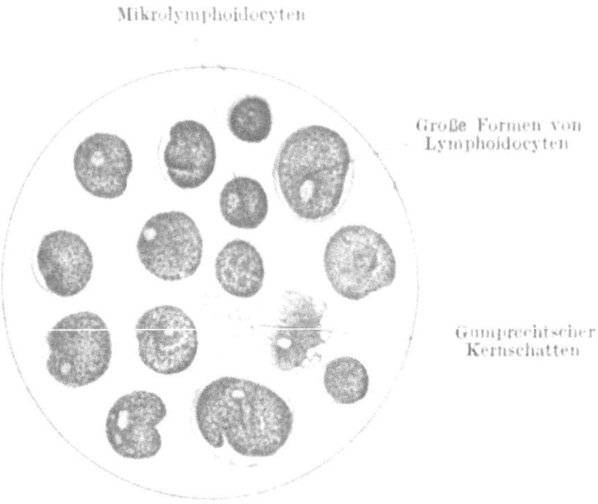

Abb. 14. Blutbild bei lymphoidocytärer Stammzellenleukämie.
(Nach Pappenheim.)

daß bilobäre, trilobäre Formen u. a. beobachtet werden. Ferner sind Myeloblasten vorhanden, deren Kerne ein stärker entwickeltes Kernnetz aufweisen, mit ebenfalls basophilem, aber breitleibigerem Protoplasma und azurophiler Granulation. Die eigentlichen Myelocyten und Leukocyten pflegen den erstgenannten Formen gegenüber im Hintergrund zu stehen. Bei atypischer Kleinheit der Formen spricht man von akuten Mikrolymphoidocyten- oder Mikromyeloblastenleukämien.

Bei der akuten lymphatischen Leukämie ist das weiße Blutbild eintöniger. Man hat entweder die im normalen Blute fehlenden großen Lymphocytenformen, Makrolymphocyten vor sich, die an sich ein gröberes Kernnetz haben, unter pathologischen Voraussetzungen aber auch ein leptochromatisches Aussehen zeigen können, so daß ihre morphologische Unterscheidung von Lymphoidocyten schwierig wird, oder die gewöhnlichen Blutlymphocyten, Mikro- und Mesolymphocyten, außerdem mehr oder weniger zahlreich die GUMPRECHTschen Kernschatten.

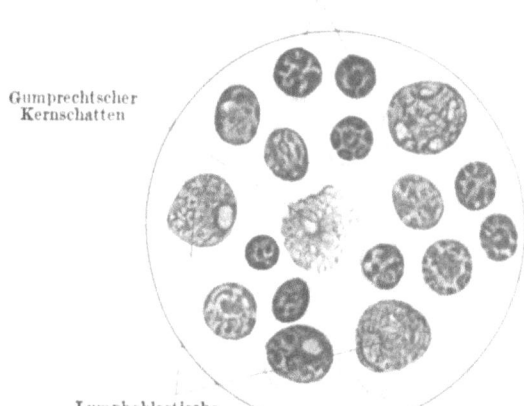

Abb. 15. Blutbild bei lymphatischer Leukämie. (Nach PAPPENHEIM.)

Bei den Monocytenleukämien wiegen monocytäre Elemente vor, also Formen, die den großen Mononucleären EHRLICHS und früher sogenannten Übergangsformen entsprechen, für die ein Teil der heutigen Hämatologen eine besondere Stammreihe fordert. Sie würde neben der myeloischen und lymphatischen als monocytäre das dritte Glied der sog. trialistischen Zellordnung darstellen.

Die akute aleukocythämische Leukämie.

Die akute aleukocythämische Leukämie sollte strengen Anschauungen gemäß eigentlich keine Sonderrubrik beanspruchen. Wie bei der akuten Leukämie hat man es nach dem pathologisch-anatomischen Substrat hauptsächlich mit 2 Formen zu tun, welche durch die aleukämische Lymphadenose und Myelose repräsentiert werden. Die ältere Literatur führt die Fälle zum Teil noch unter der Bezeichnung „akute Pseudoleukämie". NÄGELI bezeichnet sie als klinisch und histologisch wesensgleich mit den korrespondierenden Leukämieformen. Für die praktische Beurteilung der Fälle ist es wichtig festzustellen, daß trotz meist etwas gegen die Norm verringerter Blutleukocytenzahl morphologisch häufig ein pathologischer Charakter des Blutbildes feststellbar ist. Bei beiden Formen wiegen meist lymphoide Zellen vor, welche oft die weniger differenzierten Vorstufen der reifen Blutzellen darstellen. Bei aleukämischer Myelose können die Leukocyten und Myelocyten ganz in den Hintergrund treten gegenüber kleinen oder großen Stammzellformen, Lymphoidocyten PAPPENHEIMs. Ihre positiv ausfallende Oxydasereaktion wird als Beweis für ihre Zugehörigkeit zum myeloischen System angesehen, während der negative Ausfall nicht gegen diese Annahme beweisend ist. Es darf aber nicht unberücksichtigt gelassen werden, daß auch bei aleukämischer Lymphadenose unreife Zellen lymphoidocytären Charakters auftreten, Unreifestadien von Lymphocyten oder Lymphoblasten, deren Zugehörigkeit zum lymphatischen Apparat bei negativem Ausfall der Oxydasereaktion intra vitam nicht immer beweisbar wird. Hier kann unter Umständen erst die pathologisch-anatomisch festgestellte Wucherung des myeloischen oder lymphatischen Systems den letzten Beweis erbringen. Unter Umständen bleibt der Fall aber auch nach der Obduktion noch Gegenstand der Kontroverse. Einen solchen Fall beschreibt neuerdings BAAR.

Der Fall hat für uns das Interesse, daß eine eigenartige Tonsillenaffektion vorhanden war, die sich allerdings erst bei der Obduktion herausstellte.

Es handelt sich um ein 7jahriges Kind, welches drei Wochen vor der Aufnahme mit Mattigkeit, Appetitlosigkeit und Fieber erkrankt war. Zunehmende Blässe, Schleimhaut- und Hautblutungen stellten sich ein. Status: Blasses, fieberndes, hochgradig hinfälliges Kind. Petechien hauptsächlich am Rumpf. Gingivalhämorrhagien. Ekchymosen der Gaumenschleimhaut. Am harten Gaumen rechts ein hellerstückgroßes, mißfarbiges Ulcus. Lungen und Herz o. B. Lebervergrößerung. Milztumor. Blut: R. 1,06 M. Hb. 22. Weiße 2000. Plättchen fast 0. Leukocyten: Neutrophile 8,5%, Lymphocyten und lymphoide Formen 87,3%, Eosinophile 0,2%, Mastzellen 0%, TÜRKsche Reizungsformen 4%.

Die Lymphocyten sind teils echte Lymphocyten, teils Zellen von der Größe der kleinen und mittelgroßen Lymphocyten mit schwach basophilem, schmalem Protoplasmasaum und einem hellen, einige Nucleolen enthaltenden Kern, der nach BAARs Ansicht die Charaktere eines leptochromatischen Myeloblastenkernes trägt. Die Oxydasereaktion ergab bei einem kleineren Teil der mononucleären Elemente ein positives Resultat, während sie bei den anderen negativ ausfiel.

Exitus nach wenigen Tagen.

Obduktion: Allgemeine Anämie. In der linken Tonsille eine bohnengroße Höhle mit mißfarbigem Rand und einem Gerinnsel, welches im Begriff ist, nach außen durchzubrechen. Doppelseitige Lobularpneumonie. Tuberkulöser Primarherd im rechten Unterlappen. Käsige Tuberkulose der rechtsseitigen Hiluslymphdrüsen. Knochenmark dunkelrot. Ekchymosen innerer Organe.

Im Ausstrichpräparat des Knochenmarkes überwiegen Zellen von der Größe der mittleren Lymphocyten mit basophilem, ungranuliertem Plasma und Kernen, die ein zartes, hellgefarbtes Chromatinnetz besitzen und einige Nucleolen enthalten. Typische kleine Lymphocyten in geringer Zahl. Spärlich neutrophile und ganz vereinzelte eosinophile Myelocyten. Einzelne neutrophile Leukocyten. Ganz vereinzelte Megakaryocyten. Oxydasereaktion bei der oben beschriebenen vorherrschenden Zellart positiv.

In den Ausstrichen der Lymphdrüsen sieht man mehr Zellen mit blassem leptochromatischem Kern, welcher einige Nucleolen enthält und die ein basophiles Protoplasma besitzen ohne Granulation, also den Myeloblasten entsprechen, als typische kleine Lymphocyten. Vereinzelte Myelocyten und Erythroblasten. Im Schnitt Streifen von myeloischer Metaplasie. In diesen neben zahlreichen Erythrocyten und Myeloblasten wenige neutrophile Myelocyten, vereinzelte eosinophile Myelocyten, Erythroblasten und ganz vereinzelte Megakaryocyten. ,,In anderen Lymphdrüsen überwiegt das lymphadenoide Gewebe, das gewuchert erscheint, keine typischen Follikel mit Keimzentren aufweist, aber auch von Herden myeloischen Gewebes durchsetzt ist". Milz: Sie enthält zwei scharf gegeneinander getrennte Gewebsarten: Breite Streifen und Inseln enthalten zahlreiche Erythrocyten, dazwischen Erythroblasten, Myelocyten, Myeloblasten, ganz vereinzelt Megakaryocyten. Dazwischen wenig runde, meist zackig begrenzte Partien, zusammengesetzt aus kleinen, ungranulierten Zellen mit dunkelblau tingiertem Kerne und schmalem Protoplasmasaume. Leber: Verfettet. Inter- und intraacinös dichte Anhaufungen von Rundzellen, die ganz den kleinen Blutlymphocyten entsprechen. Niere ohne Zellanhäufungen und Infiltrationen.

BAAR beurteilt den Fall wegen gleichzeitig vorhandener myeloischer Metaplasie und Wucherung des lymphatischen Gewebes als eine gemischte oder kombinierte Leukämie, ein Vorkommnis, dessen Möglichkeit heute eigentlich bestritten wird. Er bezeichnet die Fragen, ob die Wucherung des myeloischen und lymphatischen Gewebes koordinierte Erscheinungen sind oder die eine primär, die andere kompensatorisch, als unentschieden. Auf die prinzipielle Seite der Sache soll an dieser Stelle nicht eingegangen werden.

Interessant ist der Tonsillenbefund: Wie dies aus dem Obduktionsbefund hervorgeht, bestand in der linken Tonsille eine bohnengroße Höhle mit mißfarbenem Rand und einem Gerinnsel, das im Begriff war, nach außen durchzubrechen. Es bereitete sich also ein für die schwere Systemerkrankung charakteristischer Prozeß vor. Auf Grund der allgemeinen hämorrhagischen Diathese hatte sich in der linken Tonsille eine Blutung als

Ausdruck der vorhandenen Gefäßschädigung entwickelt. Die Gegenwart dieser verursachte bei der allgemeinen Herabsetzung der Vitalität der Gewebe eine Nekrose der bedeckenden Schleimhaut. Hätte das Individuum länger gelebt, so hätte man unfehlbar noch intra vitam das Bild einer schweren nekrotisierenden Angina vor sich gehabt, ohne sich sogleich des pathogenetischen Weges ihrer Entstehung bewußt zu werden.

Amyelie.

Der neuerdings von G. KLEMPERER für ein viel diskutiertes Kapitel angeregte Ausdruck „Amyelie" bezeichnet eigenartige Erkrankungsfälle, deren Pathogenese durch einen generalisierten, alle wichtigen Elemente einschließenden Knochenmarkschwund diktiert wird. Andere Ausdrücke für das Krankheitsbild sind „(akute) aplastische Anämie" (EHRLICH), „hämorrhagische Aleukie" (FRANK), „Amyelhämie" (KAZNELSON), „Aplastikämie" (PARKES WEBER). Es handelt sich bei der Krankheit nicht lediglich um eine aregeneratorische Anämie, sondern vielmehr um eine „Myelophthise", eine aktive Zerstörung des gesamten myeloischen Apparates einschließlich aller Abkömmlinge desselben, auch der Plättchen. In einem noch nicht geklärten gesetzmäßigen Zusammenhang mit dem Plättchenmangel pflegt sich eine hämorrhagische Diathese zu entwickeln. Ferner besteht eine eigenartige Neigung zu Nekrosen.

Das Krankheitsbild ist heute noch nosologisch scharf umstritten. Kritische Autoren reihen nur eine ganz beschränkte Anzahl von Fällen als einwandfrei ein, ohne gerade durch die getroffene Auswahl überzeugend zu wirken. Ein von KAZNELSON ausführlich beschriebener Fall (plötzlicher Beginn, akuter Verlauf, schwere hämorrhagische Diathese, Anämie, gangränöse Gingivitis und Tonsillitis usw.) ist schon von PAPPENHEIM mit einem Fragezeichen versehen und es soll auch GHON, der den KAZNELSONschen Fall obduzierte, die Vermutung geäußert haben, es könne sich um eine aleukämische Form der akuten Leukämie handeln (BAAR).

Eine klinisch sichere Trennung der Amyeliefälle von akuter aleukämischer Leukämie stößt jedenfalls häufig auf unüberwindliche Schwierigkeiten und auch die Deutung des pathologisch-anatomischen Befundes läßt unter Umständen Auffassungsdifferenzen zu, deren Lösung definitiv erst erhofft werden kann, wenn eine klare Entscheidung von der ätiologischen Seite möglich wird. Bis dahin kann man derartige Fälle nur mit entsprechendem Vorbehalt zur Diskussion stellen.

KLEMPERERs, von ELISABETH BENECKE mitgeteilte Fälle, seien in kurzen Umrissen wiedergegeben.

Der erste Fall eines $3^3/_4$ Jahre alten Kindes ergab nach der Anamnese zur Zeit der Krankenhausaufnahme am 21. 1. 1916 eine bisherige Krankheitsdauer von etwa 4 Wochen. Das Kind sei blaß geworden, sehe seit 8 Tagen gedunsen aus und klage über Schmerzen im Halse, besonders bei Berührung des Halses beiderseits. Die Untersuchung des in leidlich gutem Ernährungszustand befindlichen Kindes ergab auffallende Blässe von Haut und sichtbaren Schleimhauten, am Thorax und an den Oberarmen zahlreiche Hautblutungen von Stecknadelkopf- bis Linsengröße. An der linken Daumenkuppe eine linsengroße subcutane Blutung, auf dem rechten Fußrücken eine blaue talergroße Suffusion. Beide Gaumentonsillen überragen das Gaumensegel in der Größe einer mittelgroßen Haselnuß und sind an der zerklüfteten Oberfläche schmierig grau belegt. Am rechten weichen Gaumen linsengroße Hämorrhagie. Temperatur 38^0. Die Untersuchung der inneren Organe ergab zunächst keine Besonderheiten. Der Blutbefund wies eine degenerative Anämie mit starker relativer Lymphocytose auf. Plättchen stark reduziert 20 : 665 und weniger. Aus dem Blute wurden Streptokokken gezüchtet. Kurz vor dem Tode, der nach 14 tägiger Beobachtung eintrat, hatte das Blutbild einen anderen Charakter als vorher. Die während der Zwischenzeit auf 2000 abgesunkene Leukocytenzahl hatte sich auf 10 900 gehoben. Die Differentialzahlung ergab jetzt: Leukocyten $80,6^0/_0$, Lymphocyten $18,8^0/_0$, Myelocyten $0,8^0/_0$. Es bestand dann Anisocytose, Poikilocytose mäßigen Grades, Polychromatophilie, 2 Normoblasten wurden gesehen. Die Blutplättchen waren, wie vorher, stark vermindert 13 750. Pathologisch-anatomisch fand sich eine Ulceration beider Tonsillen. Das Oberschenkelmark erwies sich als reines Fettmark, eine Regeneration war also ausgeblieben. Das Rippenmark wies noch keine Atrophie auf, es sind hier Myelocyten und vereinzelte kernhaltige rote Blutkörperchen vorhanden. In der Milz waren die Follikel verkleinert, die Pulpa verbreitert und blutreich. Es bestand keine myeloide Umwandlung, dagegen waren ziemlich zahlreiche eosinophile Zellen in der Milzpulpa. Pneumonie des linken Unterlappens und rechten Oberlappens.

Im 2. Falle eines 17 jährigen jungen Mannes dauerte die zum Tode führende Krankheit vom Beginn der ersten Erscheinungen ab gerechnet etwa 5 Wochen. Zunehmende Blässe, ein Ohnmachtsanfall, weiterhin eine Blutung aus der Lücke eines fehlenden Backenzahnes des Unterkiefers und Nasenbluten leiteten die Erkrankung ein. Bei der Untersuchung fanden sich am ganzen Körper des sehr blassen Patienten stecknadelkopfbis linsengroße Hämorrhagien. Am linken Oberarm und auf beiden Fußrücken Suffusionen von blaßblauer Farbe in etwa Dreimarkstückgröße. Es bestand Zahnfleischblutung aus einem schmutzig aussehenden Ulcus des rechten Unterkiefers an der Stelle eines fehlenden Backenzahnes. Die linke Gaumentonsille zeigte eine Ulceration mit zerklüfteter,

102   Mandelerkrankungen bei schweren akut verlaufenden Affektionen.

schmierig belegter Oberfläche. Kleine petechiale Schleimhautblutungen waren am Gaumen und in der linken Wangentasche sichtbar. Innere Organe o. B. Im Blute starke Anämie mit Leukopenie und hochgradiger relativer Lymphocytose. Blutplättchen wurden kaum gesehen. Wiederholte intravenöse Bluttransfusionen konnten den tödlichen Ausgang nicht verhindern. Pathologisch-anatomisch fand man außer den Hautblutungen auch subepikardiale und subendokardiale Blutungen, sowie solche in der Blasenschleimhaut. In den Röhrenknochen war Fettmark. Aus den Rippen ließ sich nur eine graurote, dünne, zellarme Flüssigkeit pressen. In der Leber keine Hämosiderosis und keine myeloiden Herde. Kein vermehrtes Blutpigment in der Milz.

Auch im 3. Falle eines $18^3/_4$ Jahre alten Mädchens dauerte die Krankheit vom Beginn, der durch Nasenbluten und Hautblutungen charakterisiert wurde, bis zum Tode nur etwa 5 Wochen. Ununterbrochene Blutungen aus Nase, Zahnfleisch und Scheide bildeten die Veranlassung zur Krankenhausaufnahme.

Bei der sehr blassen Patientin bestanden zur Zeit derselben an Armen und Beinen, weniger am Thorax, viele stecknadelkopf- bis linsengroße Hauthämorrhagien, ferner am linken Oberschenkel eine umfangreichere bläuliche Suffusion. Im Blute Anämie, Leukopenie, anfangs mit fast normaler Leukocytenformel, spater mit kräftiger relativer Lymphocytose, ferner starker Plättchenmangel (größte Reduktion 430!). Pathologisch-anatomisch bestand in den Röhrenknochen noch keine komplette Markatrophie, sondern nur sehr weitgehende. In der Leber geringe Hämosiderosis, keine myeloiden Herde, kein Blutpigment in der Milz, in der Pulpa keine myeloiden Herde. In diesem Falle waren die Tonsillen ohne krankhaften Befund, es wurde intra vitam lediglich ein kleines linsengroßes Ulcus am linken weichen Gaumen konstatiert. Aus dem pathologisch-anatomischen Befund sei noch erwahnt, daß neben hochgradiger Anämie und geringem Ikterus im Bereiche des Harnapparates schwere diphtherische Cystitis, diphtherische Pyelitis und multiple metastatische Rindenabscesse der linken Niere bestanden.

Die mitgeteilten Krankengeschichten zeigen das Bild hämorrhagischer Anämie mit Thrombopenie, extremer Blässe, großer Hinfälligkeit bei leidlichem Ernährungszustand. Leber und Milz sind zuweilen vergrößert, bemerkenswert sind profuse Blutungen aus den Schleimhäuten und Hauthämorrhagien, ferner die hier besonders interessierenden ulcerativen Schleimhautprozesse. Im ersten Fall waren beide Gaumentonsillen an der zerklüfteten Oberfläche schmieriggrau belegt. Im zweiten Fall bestand ein Ulcus der linken Gaumentonsille mit zerklüfteter schmierig belegter Oberfläche. Der dritte Fall wies ein linsengroßes Ulcus am linken weichen Gaumen auf. In dem hier nicht wiedergegebenen vierten Falle der Serie BENECKES waren die Rachenteile nicht beteiligt, dagegen bestanden ein schmieriges blutendes Ulcus an der Nase und ein ebensolches am Zahnfleisch des rechten Unterkiefers. Bis auf den letzten Fall verliefen alle tödlich. Bei dem ersten der von BENECKE beschriebenen Fälle wurden anfangs einmal Pseudodiphtheriebacillen gefunden. Später wuchs eine einzige Kolonie von Streptokokken zu Lebzeiten des Kindes in einer anaeroben Blutagarkultur. Die Autorin glaubt Diphtheriesepsis ausschließen zu können mit dem Hinweis darauf, daß im Krankenhause Moabit bei Kindern der Befund von Pseudodiphtheriebacillen in Mund und Nase sehr häufig war, ohne entsprechenden Krankheitszustand. Die eine Kolonie Streptokokken wird als Verunreinigung erklärt, obwohl post mortem zahlreiche Kolonien in einer Agarkultur von steril entnommenem Herzblut wuchsen. Die Sektion bot keine Zeichen für Sepsis.

Pathogenetisch, führt E. BENECKE aus, steht die schwere Schädigung des gesamten Knochenmarks im Mittelpunkt. Die Ulcerationen der Schleimhäute werden mit den Blutungen in Zusammenhang gebracht. Sie eröffnen den Weg für eine septische Infektion, welcher der Organismus keinen Widerstand entgegenzusetzen vermag.

Therapeutisch wird Arsen empfohlen. Einer der Fälle ist der Angabe nach unter Applikation von subcutanen Injektionen von Solarson geheilt. Auch die Milzexstirpation ist erwogen, aber nicht zur Anwendung gebracht. Ein Versuch der Blutstillung mit Diphtherieserum war erfolglos, dagegen soll ein solcher mit 5%iger Lösung von Koagulen subcutan, ferner auch lokal appliziert von Erfolg gewesen sein.

Ein bei uns kürzlich beobachteter Fall ist folgender:

Herbert H., 11 Jahre, Schüler, aufgenommen 8. 2. 1924.

Anamnese: Familienanamnese o. B. Der Patient überstand mit 3 Jahren Keuchhusten, mit 6 Jahren Masern. War sonst stets gesund. Am 26. Januar 1924 klagte er zuerst über Halsschmerzen und Schwindelgefühl. Vom 28. Januar an blieb er der Schule fern. Seit dem ersten Februar ist er bettlägerig, weil die Halsschmerzen stärker wurden. Am 5. Februar klagte das Kind über Schmerzen im Daumen links, der blaurot verfärbt war. Vom Daumen zog sich ein roter Streifen bis in die Gegend der Ellenbeuge. Gleichzeitig bestanden Schmerzen in der linken Achselhöhle. Der hinzugerufene Arzt stellte hier Drüsenschwellung fest. Der Daumen wurde incidiert, es entleerte sich mit Eiter vermischtes Blut. In der folgenden Nacht traten blaue Flecke am linken Oberschenkel auf. Am 8. Februar frühmorgens um 3 Uhr trat Erbrechen von geronnenen blutigen Massen ein, gleichzeitig wurde ein breiiger, teerschwarzer übelriechender Stuhl entleert. Morgens $6^1/_2$ Husten und erneutes Blutbrechen. Im Verlaufe des Vormittags fielen den Eltern zahlreiche blaue Flecken an Armen und Beinen auf, ferner eine kleine Blutung am linken Augapfel. Außerdem bestehen jetzt Fieber und große Mattigkeit.

Status: Der in erschöpftem Zustand befindliche Knabe ist körperlich gut entwickelt und in ausreichendem Ernährungszustand. Äußere Haut und Schleimhäute sind sehr blaß. Am linken Augapfel eine stecknadelkopfgroße, subconjunctivale Ekchymose. Schwarzviolette, oberflächliche trockene Nekrose der Endphalanx des linken Daumens mit hämorrhagischlymphangitischem Strang, von der Nekrose ausgehend, und über Daumenballen, Handgelenk und Ellenbeuge bis fast zur Achselhöhle hinaufziehend. An beiden Unterarmen, den Ober- und Unterschenkeln zahlreiche bis über markstückgroße ältere und frische Blutflecke.

Temperatur 40,4⁰.

Sensorium frei.

Bei kleinem schwach fühlbarem Puls von 140 in der Minute werden wiederholte Campherinjektionen erforderlich. Die Bewegungen der Augen sind frei. Ophthalmoskopisch finden sich beiderseits zahlreiche Augenhintergrundsblutungen.

Starker Foetor ex ore. Zunge trocken bräunlich belegt. Auflockerung, Schwellung und Rötung der Mundschleimhaut, Zahnfleisch violett verfärbt, blutend mit Blutkrusten bedeckt. An der Zungenunterfläche ein linsengroßes flaches Geschwür. Tonsillen frei von sichtbaren Belägen. Von der Besichtigung der tieferen Rachenteile und des Kehlkopfes mußte insbesondere in Rücksicht auf die Brechneigung des Kindes Abstand genommen werden. Keine abnormen Drüsen im Bereiche des Halses.

Lungen ohne Besonderheiten.

Herzgrenzen nicht verbreitert, Töne leise, keine Geräusche. Abdomen im Niveau des Thorax, nirgends druckempfindlich. Milz unter dem Rippenbogen bei tiefer Inspiration eben fühlbar, vergrößert, Maße: $11^{1}/_{2}$: $8^{3}/_{4}$. Leber nicht fuhlbar.

Harn: Eiweiß in Spuren, Zucker 0.

Pupillen- und Patellarreflexe ohne Besonderheiten. Blutbefund: Hämoglobin (Sahli) unkorrigiert $24^{0}/_{0}$, Rote 1,805 Millionen, Weiße 1600. Plättchen 3 auf 1000 Erythrocyten, also 5415 in 1 cmm, stark reduziert! Blutungszeit nach DUKE stark verlängert, $2^{1}/_{2}$ Stunden!

Differentialzählung: Polynucleäre Neutrophile 0
Lymphocyten $91^{0}/_{0}$
Monocyten $7^{0}/_{0}$
Eosinophile 0
Reizungsformen $2^{0}/_{0}$.

9. 2. Im Laufe des Tages mehrfaches Bluterbrechen. Höchsttemperatur 41 Grad. Bluttransfusion: Intravenöse Applikation von 60 ccm defibriniertem Blut der gleichen Gruppe.

10. 2. Fortschreitende Entkräftung. Weiter Erbrechen. Temperaturen mittags 39,8⁰, 39,7⁰, 39,6⁰. Leukocyten 950. Eine erneute sorgfältige Durchsicht des Blutpräparates ergab folgendes: Unter 100 weißen Blutzellen fanden sich je ein polynucleärer neutrophiler Leukocyt, ein Mastleukocyt und ein Monocyt. Alle übrigen Zellen waren lymphoid, meist ganz typische kleine Lymphocyten. Ein kleiner Teil derselben zeigte auffallende Schmalheit des Protoplasmasaumes, Radkernstruktur oder das tief tingierte Proto-

plasma der Reizungsformen. Eine mäßige Anzahl ebenfalls typischer größerer TÜRKscher Reizungsformen, etwa 9 an der Zahl, waren ebenfalls anwesend. Irgendwelche Zellen, die aus dem Charakter des Blutbildes zu der Diagnose Leukämie genötigt hätten, fehlten, insbesondere waren Lymphoblasten oder Lymphoidocyten abwesend. Exitus letalis.

Die bakteriologische Untersuchung (Oberarzt ELKELES) des intra vitam entnommenen Venenblutes hatte Stäbchen und Kettenkokken ergeben, die man im ersten Moment für Verunreinigungen hielt. Nach der postmortalen weiteren Untersuchung von Leichenblut und Milz wurde jedoch diese Ansicht fallen gelassen und auch für die erste Untersuchung die Anwesenheit hämatogener Keime angenommen, und zwar von Colibacillen und Streptokokken.

Obduktionsbefund (Prof. CEELEN):

S. Nr. 130/24. 14 B.

Anatomische Diagnose: Akute lymphatische Leukämie (?), aplastische Anämie (?). Matt rot gefärbtes offenbar aplastisches Knochenmark im Oberschenkel und in den Rippen. Starke Schwellung der Gaumen- und Rachentonsille, sowie der cervicalen und oberen trachealen Lymphknoten. Mittelstarke Schwellung der peripankreatischen, periportalen und mediastinalen Lymphknoten. Geringe Schwellung und Blutresorption der mesenterialen und retroperitonealen Lymphknoten. Schwellung der Lymphknötchen im Darm. Schwere jauchig-nekrotische Entzündung mit etwa kirschgroßem Sequester der rechten Gaumentonsille. Hämorrhagisch-nekrotische Entzündung am linken Daumen mit hamorrhagischer Lymphangitis am linken Ober- und Unterarm und entsprechender Cubital- und Axillardrüsenschwellung. Zahlreiche punktförmige und flachenhafte Blutungen im subcutanen Gewebe an den Extremitäten und am Rumpf, sowie im submucösen und subserösen Gewebe von Pleura, Peri-, Epi- und Endokard, Peritoneum, Nierenbecken, Blasenschleimhaut, Oberkieferhöhlen. Zahlreiche zum Teil perinoduläre Blutungen der Magen- und Darmschleimhaut mit Erosionen im Magen und Ulcerationen im Darm, besonders im unteren Dickdarm. Hämosiderose der PEYERschen Haufen. Ausgedehnte Netzhautblutungen beiderseits. Subdurale Blutung im Bereich der linken hinteren Schädelgrube und über der Konvexität des Großhirns. Zahlreiche subpiale Blutungen diffus verteilt über Groß- und Kleinhirn. Mäßig starkes Piaödem. Zahlreiche herdförmige Blutungen im Marklager und den beiderseitigen Stammganglien des Gehirns. Hochgradigste allgemeine Anämie. Starke Schwellung der Milz.

Mikroskopische Organuntersuchungen des Falles Herbert H.

Milz: Deutliche zum Teil leicht vergrößerte Lymphknötchen. Hyperämie der Pulpa mit zahlreichen Bakterienhaufen im Pulpagewebe. Hyaline Quellung mit Verdickung der Wand der Follikelarterien, stellenweise gleichmäßig zirkulär, stellenweise nur partiell mit exzentrischer Einengung des

Lumens. Um zahlreiche Malpighische Körperchen herum perinodulare Blutungen. Oxydasereaktion negativ. Keine Hämosiderin-Ablagerung. Mesenteriale Lymphknoten: Starke Erweiterung der Lymphsinus und Anfüllung mit Erythrocyten (Blutresorption). Ungeheuere Mengen von Mastzellen, die bei Giemsafärbung besonders deutlich hervortreten und diffus über den ganzen Lymphknoten verstreut liegen. In dem lymphadenoiden Gewebe zahlreiche Zellen mit ausgesprochener Affinität des Protoplasmas zu Eosin und Lymphoblasten. Zahlreiche Bakterienembolien in den Gefäßen. Oxydasereaktion negativ.

Cervicale Lymphknoten: Zeichnung verwischt, Lymphknötchen der Rinde erhalten, vielfach mit Keimzentren versehen, die sich aus auffallend großen Protoplasmazellen zusammensetzen. Im übrigen Befund wie oben.

Knochenmark: Überaus reichliche Anfüllung der Capillaren mit Bakterienhaufen, vielfach mit deutlichen Randnekrosen. Massenhafte, diffus ausgestreute Hamosiderinablagerungen, die sich bei näherer Betrachtung als große, mit Hämosiderinschollen beladene Zellen erweisen. Zwischen den reichlichen Fettlücken fallen große plumpe polygonal gestaltete oft mehrkernige Zellen auf, die ihrer Lage und ihrem Aussehen nach offenbar gewucherte Reticulumzellen darstellen und von denen ein Teil die mit der Eisenreaktion vortretenden Hämosiderinschollen enthält. Im übrigen besteht das Knochenmarkgewebe aus kleinen lymphocytären zum Teil nacktkernigen Zellen, rundkernigen Zellen mit etwas größerem Protoplasmasaum, vereinzelten Mastzellen, Erythroblasten und ziemlich zahlreichen größeren Elementen, die vermutlich als Degenerationsformen der Vorstufen der myeloischen Reihe aufzufassen sind. Megacaryocyten sind nur ganz spärlich vorhanden. Fast völliges Fehlen der echten Blutgranulocyten. Über die Natur einiger im Giemsapräparat violett und blau gefärbter Zellen sind noch weitere Studien nötig. Oxydasereaktion negativ.

Gaumentonsillen: Oberflächliche und tiefgehende Nekrosen, die vielfach mit den Krypten in die Tiefe ziehen. Die in die Nekrosen einbegriffenen größeren Blutgefäße sind zugrunde gegangen, mit Hinterlassung von Resten der elastischen Fasern. Keine deutliche zellige Gewebsreaktion um die Gewebsnekrosen herum. In den Pseudomembranen ungeheuere zusammengeklumpte und ausgestreute Bakterienmassen, die zum Teil als zylindrische Ausfüllung kleiner Gefäße erkennbar sind. Fehlen jeglicher Leukocyten. Hie und da finden sich im Zerfall begriffene Lymphocytenkerne, die mit Leukocyten eine gewisse Ähnlichkeit haben. In vereinzelten feineren Blutgefäßen des nicht nekrotischen Gewebes ebenfalls Bakterienhaufen. Sehr reichlich Mastzellen im ganzen Parenchym. Blut- und Pigmentreste in dem nekrotischen Detritus. Übergreifen der Nekrose auf das peritonsilläre Gewebe, insbesondere auf die Muskulatur.

Rachentonsille: Ebenfalls nekrotische Pseudomembranen von ähnlicher Beschaffenheit wie auf der Gaumentonsille. Proliferation des lymphatischen Gewebes. Die den Nekrosen angrenzenden, stark erweiterten Venen sind von fibrösen Gerinnungen mit einzelnen eingelagerten Lymphocyten ausgefüllt. In den Capillaren und einer der größeren Arterien Bakterienpfröpfe.

Haut des linken Unterarms: In den tiefsten Schichten des Coriums und der angrenzenden Subcutis flächenhafte Blutungen mit Gewebsnekrosen.

Amyelie. 107

In den zentral gelegenen kleinen Gefäßen Bakterienzylinder. Um die Gefäße kleinzellige Infiltrate und Wucherungen der Bindegewebszellen. Keine Leukocyten.

Leber: Außerordenlich reichliche Bakterienembolien in sämtlichen Capillaren mit Nekrose der anliegenden Leberzellbalken. Auffallend große KUPFFERsche Sternzellen, zum Teil mit phagocytierten Erythrocyten und Bakterien (Streptokokken), Rundzellinfiltrate im interlobulären Bindegewebe. Eisenreaktion negativ.

Nieren: Vereinzelte Bakterienembolien. Reichlich geronnene Eiweißmassen in den erweiterten Kapselräumen der Glomeruli und in den Tubuli contorti.

Herz: Braune Pigmentablagerungen, geringe lymphocytäre Infiltrate des perivasculären Bindegewebes.

Magen: Zahlreiche Bakterienembolien in der Schleimhaut und Submucosa ohne bemerkenswerte Reaktionserscheinungen. Hie und da periphere Nekrosen um die Bakterienhaufen herum. Auch findet man sehr oft den Bakterienembolien entsprechende kleine Blutungen mit ausgelaugten, schattenartigen Erythrocyten.

Darm: Ebenfalls capilläre Bakterienembolien, besonders in und um die geschwollenen Lymphknötchen. Sonst naherer Befund wie im Magen.

Gehirn: Zahlreiche isolierte und konfluierte Blutungen, die vereinzelt den typischen Charakter der Ringblutungen haben. Um einzelne Gefäßchen, an denen mit Sicherheit kein Extravasat festgestellt werden kann, sondern die nur hyperämisch erscheinen, finden sich einseitig oder allseitig ansitzende knötchenförmige Gliawucherungen. An einer größeren Arterie läßt sich sehr schön die hämorrhagische Infiltration und Dilatation der perivasculären Lymphscheide feststellen, während das Lumen mit einem großen Bakterienembolus ausgefüllt ist. Im Bereich der Blutungen Zerstörung der Hirnsubstanz mit Fettkörnchenzellenbildung.

Lungen: Ödem, sehr zahlreiche Bakterienembolien in den Capillaren, mit und ohne Nekrose der Alveolarsepten, keine zellulären Reaktionserscheinungen.

Aus eigenen Notizen kann ich dem pathologischen Befund noch folgendes anfügen:

Makroskopisch: Rippenmark: Beim Auspressen der Rippe quillt kein breiiges Mark, sondern eine blutartige, rote Flüssigkeit hervor. Femurmark: Das Mark sieht rot aus, in ganzer Ausdehnung etwas glasig.

Mikroskopisch (Giemsapräparate): Milzausstrich: Erythrocyten, reichlich Lymphocyten, größere Milzpulpazellen, keine Erythroblasten, keine Myelocyten und Leukocyten. Bindegewebselemente. Größere endotheloide Zellen mit ein und zwei Kernen, keine Megacaryocyten. Kokken.

Rippenausstrich: Sehr zellarm, verstreut liegende stechapfelförmige Erythrocyten, viel freie Kerne von etwa Erythrocytengröße oder etwas darüber. Vereinzelte typische Myeloblasten. Ferner ovoide Zellen mit breitem, tiefblauem Protoplasmasaum, der nach der Mitte zu abblaßt, der exzentrisch gelegene Kern ist pachychromatisch, die Zellen erinnern an Plasmazellen, ohne jedoch mit ihnen identifiziert werden zu können. (Derartige Zellen finden sich auch im normalen Knochenmark.) Kleine, rundkernige, wie

Lymphocyten aussehende Zellen, mit schmalem Protoplasmasaum. Rundkernige Erythroblasten, viele Bindegewebszellen, keine Megacaryocyten, keine Granulocyten. Kokken.

Femurausstrich: Erythrocyten, Myeloblasten, kernhaltige rote Blutkörper, dann die im Rippenmark schon beschriebenen runden Elemente mit exzentrischen Kernen. Freie Kerne (von Lymphocyten?). Keine Megacaryocyten, keine Myelocyten und Leukocyten. Kokken.

Zusammengefaßt handelt es sich um den Fall eines 11 jährigen Schülers, der am 26. Januar zuerst mit Halsschmerzen erkrankte. Weiterhin stellten sich eine Daumeneiterung, eine Blutarmut und hämorrhagische Diathese ein. Bei der am 8. Februar erfolgten Aufnahme bestand ein schwerer fieberhafter Allgemeinzustand mit Purpura, speziell reichlicher blutiger Sekretion aus der Mundhöhle, die den Einblick erschwerte. Jedenfalls war 3 Tage vor dem Tode noch nichts von der schweren nekrotischen Tonsillenerkrankung zu sehen, die sich bei der Obduktion herausstellte. Der letale Ausgang war am 10. 2.

Der Blutbefund mit seiner Leukopenie, relativen Lymphocytose und Thrombopenie paßte auf eine hämorrhagische Aleukie oder eine aleukocythämische Leukämie.

Zum pathologisch-anatomischen Befund seien noch einige Erläuterungen gegeben. Was die nekrotisierende Tonsillitis betrifft, so sei besonders auf die Blut- und Pigmentreste im nekrotischen Detritus hingewiesen, die darauf hindeuten, daß schubweise Blutungen in das Tonsillargewebe erfolgt sind, die erklären, weshalb so früh Halsschmerzen aufgetreten sind und erst final die Tonsillennekrose an die Oberfläche getreten sein kann. Das Verhalten erinnert an dasjenige des im Kapitel der aleukocythämischen Leukämie beschriebenen Falles und die Ähnlichkeit der Vorgänge läßt die innere Verwandtschaft der Fälle noch deutlicher hervortreten.

Weiterhin ist die Frage zu diskutieren, inwieweit sich pathologisch die Annahme einer aktiven Zerstörung des myeloischen Apparates belegen läßt. Hier ist wichtig die Feststellung, daß das Rippenmark schon makroskopisch stark verändert war, nicht gelartig, sondern flüssig wie Blut. Die absolute Zellmut des Ausstriches war sehr auffallend. Das Femur sah allerdings mattrot gefärbt aus, erschien aber glasig und die mikroskopische Betrachtung zeigte reichliche Fettlücken. Im Schnittpräparat sah man außer der Reduktion der myeloischen Elemente, was der direkte Ausstrich nicht zeigte, zahlreiche schwer bestimmbare fragmentiertkernige Zellen, die als Degenerationsformen von Myelocyten angesprochen wurden.

Lymphocyten waren im Knochenmark sicherlich in vermehrtem Maßstabe vorhanden, auch Rundzelleninfiltrate im interlobulären Gewebe der Leber. Ob aber diese Faktoren genügen, um Leukämie zu diagnostizieren, ist eine Frage, die hier nicht entschieden werden kann. Im ganzen erscheint die Annahme der „Amyelie" plausibler als diejenige der „Lymphadenose".

Die Neigung zu Nekrosen und die Widerstandsunfähigkeit des Organismus gegen die Überschwemmung des Organismus mit Bakterien darf man wohl auf den Ausfall der Tätigkeit des Granulocytensystems zurückführen, die hämorrhagische Diathese, wie schon erwähnt, auf eine gesetzmäßige Konjunktion mit dem Defekt der Plättchen bzw. ihrer Mutterzellen, der Megacaryocyten. Die letzteren sind, wie das Protokoll besagt, im Femurmark nur ganz spärlich vorhanden.

Agranulocytose.

Als „Agranulocytose" bezeichnete ich ein Krankheitsbild mit eigenartigen gangräneszierenden Prozessen im Bereiche der Mund-Rachenhöhle, über das ich zum erstenmal in der Sitzung des Berliner Vereins für innere Medizin vom 3. 7. 1922 berichtete. Die Krankheit befällt Frauen, weniger häufig Männer, bei denen keine Herabsetzung des allgemeinen Ernährungszustandes vorauszusetzen ist. Sie beginnt meist plötzlich, mit hohem Fieber und allgemeinem Krankheitsgefühl. Die sichtbaren Affektionen betreffen die Rachenteile, insbesondere die Tonsillen, in einigen Fällen auch Zahnfleisch, Zunge, Larynx, Genitalien, in Form von Ulcerationen, Nekrosen, diphtherischen, gangränösen Prozessen. Auch derbe Infiltration des Mundbodens und brandiges Ödem der Haut einer Brustseite, jedoch ohne eitrige Einschmelzung, sind von uns beobachtet. Keine allgemeine hämorrhagische Diathese. Stets Ikterus. Klinisch nachweisbare Vergrößerung von Leber und Milz nur in einem Teil der Fälle. Das am meisten Charakteristische ist der Befund der Blutuntersuchung: Hochgradige Verminderung der Gesamtleukocytenzahl, meist bis auf einige Hundert Leukocyten, wobei vor allem die polynucleären Neutrophilen und Eosinophilen bis auf 0 herabgesetzt sein können, während die ebenfalls verminderten lymphoiden Elemente, in

Übersichtstabelle über die fünf ersten von

Name	Alter	Krankheitsdauer in Tagen	Lokaler Befund	Milzvergrößerung	Lebervergrößerung
Anna B. Aufgen. 30. 1. 22	38 J.	14	Gingivitis. Kleiner Ulcus an der linken Tonsille. Nekrotisierende Glossitis. Gangrän. Kolpitis	Traubenmilz (etwas vergrößert)	Mäßige Vergrößerung (Hepatit. ac. interstitialis, Cholelithiasis)
Martha K.	47 J.	7	Gingivitis. Nekrosen an Tonsillen und weichem Gaumen. Gangrän d. Uvula. Hals- u. Brustwandphlegmone	Um das Doppelte des Normalen vergrößert	Mäßig vergröß.
Luise M.	50 J.	4?	Lacunärer Belag a. d. rechten Tonsille. Nekrose a. Zungengrund, Pharynx und Larynx	Keine	Keine
Marie M.	59 J.	3	Erbsengroßes Ulcus an der rechten Tonsille	Keine	Keine
Anna P.	61 J.	3	Nekrose d. Tonsillen und des Zungengrundes	Keine	Keine

erster Linie Lymphocyten, daneben auch die Monocyten das spärlich mit weißen Elementen ausgestattete Blutbild beherrschen. Rotes Blutbild kaum verändert. **Plättchen reichlich vorhanden.** Krankheitsausgang meist nach kurzem Verlauf tödlich.

Auch der pathologische Befund ergibt in Femur- und Rippenmark die hochgradige Reduktion der granulierten Zellen. Einige lymphoide, darunter azurophil granulierte Elemente sind vorhanden, auch Megakaryocyten und Stützgewebszellen. Inter-

uns beobachteten Fälle von Agranulocytose.

Drüsen-schwellungen	Leukocyten in cmm	Granulo-cyten in Proz. (durch-schnittl.)	Bakter. Unter-suchung des Blutes	Abstrich von Rachen und Nase	Aus-gang d. Er-krank-ung	Frühere Krankheiten
Keine	900—600	18,5	Steril	Keine Diphth.-bacillen. Un-charakterist. Mischflora		Mai 1921 Gingivitis
Keine	1800—1550	10	Pneumo-kokken	Keine Diphth.-Bacillen		o. B.
Geringe Schwellung der Kieferwinkeldrüsen	1300—0	2	Steril	Keine Diphth.-Bacillen	Exitus letalis	o. B.
	Fast keine	—	Steril	Diphtherie-bacillen im Rachen-abstrich		Gallensteine. Luetische Aortitis
Keine	700—500	—	Pneumo-coccus mucosus	Reichlich Pneumococcus mucosus. Keine Diphth.-Bacillen		Seit 8 Jahren Gallensteine. Ruhr (vor 6 Jahren)

essant ist noch, daß die physiologischerweise mit normalem Zellmark darstellbare proteolytische Wirkung mit Agranulocytosenmark auf der Löfflerplatte nicht gelingt. Dagegen fällt die sogenannte antiproteolytische Serumwirkung mit Serum der Kranken positiv aus.

Der markanteste unter den ersten von uns beobachteten Fällen ist von A. LEON im Deutschen Archiv für klinische Medizin 1923 wie folgt beschrieben:

Die 38 jahrige Ehefrau Anna B. wurde am 30 I. 1922 wegen „Grippe und Blasenkatarrh bei fehlender hauslicher Pflege" bei uns aufgenommen. Patientin stammt aus gesunder Familie; sie selbst war früher nie ernstlich krank. Menses regelmäßig, alle drei Wochen, in letzter Zeit alle 14 Tage, ohne Beschwerden, Dauer 3 Tage. Kein Partus, 1 Abortus (vor 9 Jahren). Infectio negiert. Keine Neigung zu Blutungen. Die jetzige Erkrankung begann vor 8 Tagen am 23. I. 1922 plötzlich mit Schüttelfrost, Fieber, Abgeschlagenheit, Rücken- und Kreuzschmerzen. Der Urin war auffallend trübe. An den folgenden Tagen die gleichen Beschwerden. Der am 26. I. zugezogene Arzt stellte die oben erwahnte Diagnose. Am 27. I. traten von der Patientin auf beide Rachenmandeln lokalisierte Halsschmerzen auf. Am 29. I. bekam sie „heftige Schmerzen in den Zahnen". Es wurde ein Zahnarzt geholt, der wegen der Schmerzen beide Kiefer mit Jod pinselte, aber keine Zahnerkrankung feststellen konnte. Am 30. I. morgens verspürte Patientin Schmerzen in der Zunge. Die Zahnschmerzen hatten nachgelassen. Am Nachmittag erfolgt Krankenhausaufnahme. Patientin gibt noch an, daß sie seit $1/2$ Jahr an starkem Juckreiz an den Genitalien, seit etwa 3 Wochen an Ausfluß leide. Sie ließ sich deshalb vor etwa 3 Wochen in der gynäkologischen Poliklinik der Charité untersuchen, wo eine „Scheidenentzündung" festgestellt wurde. Nachträgliche Angabe auf Befragen: Im Mai 1921 (vor etwa $3/4$ Jahren) will Patientin 6 Wochen lang wegen einer starken Zahnfleischentzündung in zahnarztlicher Behandlung gewesen sein. (Die Zunge war damals nicht erkrankt.) Die Untersuchung ergibt am Tage der Aufnahme, 30. I. nachmittags (8. Krankheitstag): Mittelkraftig gebaute Patientin in genügendem Ernährungszustand. Gesichtsfarbe etwas blaß; Schleimhäute genügend durchblutet. Körperwärme 38,4°. Kein Exanthem, kein Ikterus, keine Hautblutungen, keine Drüsenschwellungen. Rachen: Hintere Rachenwand gerötet. Geringe Schwellung und Rotung der Tonsillen. In den Krypten der linken Tonsille wenig gelbweißer Belag. Zahnfleisch, Mundschleimhaut, Zunge ohne Veränderungen. Bakteriologische Untersuchung von Nasen- und Tonsillenabstrich: Keine Diphtheriebacillen. — Am nächsten Tage sind folgende wesentliche Veränderungen vorhanden: 31. I. morgens (9. Krankheitstag): Die Sprache ist heute anginös. Starker Foetor ex ore. Die Untersuchung der Rachenteile ergibt: Die Zungenspitze ist verdickt; entsprechend dem vordersten Drittel ist die Zungenoberfläche blaurot verfärbt, unterbrochen von unregelmäßigen, helleren Partien von blasser gelbweißer Farbe. An der Unterseite der Zungenspitze rechts größerer, geschwollener, augenscheinlich in Nekrose befindlicher Bezirk von blasser, gelblichweißer Farbe. Das Zahnfleisch beider Kiefer ist aufgelockert, stellenweise mit weißlichen, schmierigen Massen bedeckt. Diese auffallenden und schnell eingetretenen Veranderungen geben Veranlassung zur Untersuchung des Blutes. Der folgende Befund liefert eine Erklärung für das eigenartige Krankheitsbild: Gesamtzahl der Leukocyten im cmm: 700! Die Differentialzählung ergibt: Polynucleare: 12%, Lymphocyten: 64%, Monocyten: 24%, Eosinophile: 0%. Die Zahl und das Aussehen der Erythrocyten, sowie der Hamoglobingehalt sind völlig normal. (Die an den nächsten Tagen erhobenen ähnlichen Blutbefunde sind weiter unten tabellarisch zusammengestellt.) — Zeichen von „hämorrhagischer

Diathese" fehlen. Die Ohrblutungszeit (nach DUKE) und die Blutgerinnungszeit (Methode WERNER SCHULTZ) sind normal. Die Zahl der Blutplättchen ist normal. Hautblutungen fehlen. Stauungsversuch, Perkussionshammerschlag ergeben keine Hautblutungen. Das Blut ist bakteriologisch steril (Charlottenburger Untersuchungsamt, Oberarzt Dr. ELKELES). Die Wassermannsche Reaktion und S. G. negativ. — 1. II. 22 (10. Krankheitstag): Schmerzen am Mundboden. Es ist eine ziemlich derbe, stark druckempfindliche Schwellung des Mundbodens entstanden, die darüber befindliche Haut ist ohne Veränderungen. Geringe regionäre Drüsenschwellungen. Der Befund der Zunge ist sichtlich im Fortschreiten. Übriger Organbefund unverändert. Augenhintergrund: o. B. Die gynäkologische Untersuchung zeitigt überraschenderweise einen Befund, der den destruierenden Prozessen an den Rachenteilen entspricht. Der Introitus vaginae ist ringsum von einer etwa $1/2$ cm breiten, oberflächlichen Ulceration umgeben, die von schmierigen, mißfarbenen, gelbgrünlichen Massen bedeckt ist. Ein ebensolcher schmaler Nekrosering ist rings um das Orificium ext. urethrae vorhanden. Die Vaginalschleimhaut, welche bei Einführen des Speculums ungemein empfindlich ist, zeigt oberflächliche Ulcerationen. Beim Einstellen der Portio uteri sieht man an der vorderen

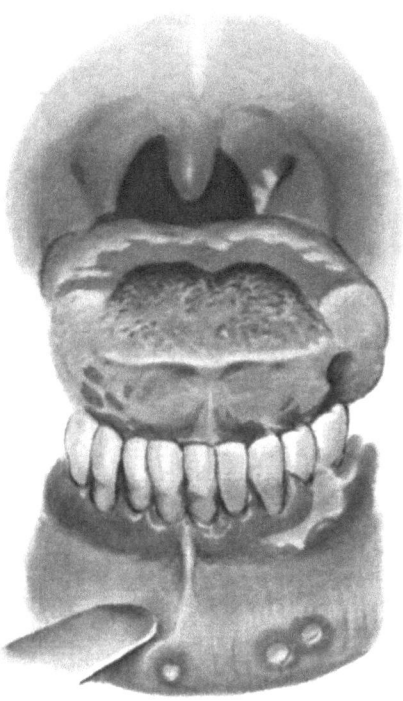

Abb. 16. Veränderungen der Mund- und Rachenhöhle bei Agranulocytose.

Lippe 3 etwa linsengroße Schleimhautdefekte von weiß-gelblicher Farbe. Die Abstriche von den beschriebenen Nekrosestellen enthalten massenhaft Kokken und Bakterien, keine Leukocyten. Go. negativ. — Am 2. II. 22 (11. Krankheitstag): Das vordere Drittel der Zunge ist heute schwarz verfärbt und gegen die dahinterliegenden geröteten und schmierig belegten Partien durch eine schmale weiße Zone abgesetzt. Der Foetor ex ore ist kaum erträglich. Dabei besteht ausgesprochene Euphorie. Skleren deutlich ikterisch. Auch die Haut erscheint ganz wenig gelblich. Bilirubin im Serum (nach H. v. d. BERGH) 3/200 000, dir. und indir. Reaktion $++$. — 5. II. 22 (14. Krankheitstag): Seit vorgestern abend ist Patientin hochfieberhaft: bronchopneumonische Herde der Unterlappen. Fast totale

114 Mandelerkrankungen bei schweren akut verlaufenden Affektionen.

Schwarzfärbung der demarkierten Zungenpartie, die im Begriff steht, sich abzulösen.
In der Nacht zum 6. II. $1^1/_2$ Uhr Exitus letalis an Schluckpneumonie.

Tabellarische Zusammenstellung der Blutbefunde:

	Leukoc.	Poly.	Eos.	Lympho.	Mono.	Fr. Kerne	Reiz. F.
31. I. 22	700	12%	0%	64%	24%	—	—
1. II. 22	600	—	—	—	—	—	—
2. II. 22	800	10%	0%	51%	26%	7%	6%
3. II. 22	800	34%	0%	40%	13%	8%	5%
4. II. 22	900	—	—	—	—	—	—
5. II. 22	700	18%	0%	40%	38%	—	4%

Die Zahl der Erythrocyten betrug am 1. II. 22: 5 348 000; am 5. II. 22: 5 048 000; der Hb-Gehalt unkorr. nach SAHLI: 74/77. Die Zahl der Blutplättchen: 204 300.

Die 12 Stunden nach dem Tode von Prof. VERSÉ vorgenommene Obduktion ergab nachstehende anatomische Diagnose: „Agranulocytosis". Necrosis apicis linguae. Amygdalitis necrotisans sin. Colpitis gangraenosa ulcerosa. Pneumonia lobul. et Pleuritis fibr. praecipue lat. sin. Cholelithiasis. Intumescentia hepatis. Icterus levis universalis. Lien lobatus. Medulla femoris partim rubra. Aus dem Sektionsprotokoll erwähne ich noch folgende Einzelheiten: Lymphdrüsen: Am Hals und auch sonst nicht vergrößert. Milz: 230 g. Sie besteht aus 7 größeren und einigen kleineren Einzelmilzen. Die 2 größten sind etwa hühnereigroß. Auf dem Durchschnitt ist die Pulpa graurot, ziemlich zäh und dicht. Leber: mäßig vergrößert. Auf dem Durchschnitt bräunlich, leicht zerreißlich. In der Gallenblase findet man einen etwa haselnußgroßen Cholesterinstein. Knochenmark: das Femur ziemlich rötlich gefärbt, doch ist in der Diaphyse viel Fettmark vorhanden. Mikroskopische Untersuchung: Milz: Follikel mäßig groß. In der Pulpa gequollene Endothelzellen, vereinzelte große Riesenzellen mit riesigen Kernen vom Typus der Knochenmarkriesenzellen. Im periportalen Gewebe der Leber kleine Rundzellenanhäufungen, ebenso stellenweise um die etwas größeren Gefäße der Niere. Schlingen der Glomeruli meist gut blutgefüllt.

Die Infiltrate an den Geschwüren der Vagina finden sich vorwiegend perivasculär um die sehr stark gefüllten Venen herum. Meist sind es Rundzellenformen, sehr wenig gelapptkernige.

Eine eingehendere Untersuchung der Knochenmarkabstriche (W. SCHULTZ) ergab folgendes: In den mit Methylalkohol fixierten Ausstrichen sieht man zahlreiche große Fettlücken. Die vorhandenen Zellen sind lymphoid, d. h. basophil und ungranuliert, darunter einzelne Zellen mit stark tingiertem Protoplasma und einem etwas dichteren Kern. Von den kleineren lymphoiden Elementen ist dem Kerncharakter nach vielfach eine Unterscheidung von lymphocytären Elementen nicht zu treffen. Keine Granulocyten, keine Myelocyten. Erythroblasten vorhanden, nicht sehr zahlreich. Man findet weniger Übergangsstufen von den basophilen Vorstufen der Erythroblasten zu den orthochromatisch gefärbten Erythroblasten als im normalen Präparat. Erythrocyten gut erhalten, mäßig zahlreich. Megacaryocyten sind vorhanden, normale Größe, nicht vermindert.

Was die Bakteriologie unserer ersten Fälle anbetrifft, so ergaben die Untersuchungen, wie in der Arbeit von A. LEON ausgeführt ist, in den Abstrichen von Rachen und Nase niemals Spirillen, einmal Diphtheriebacillen, einmal reichlich Pneumococcus mucosus, im übrigen eine uncharakteristische Mischflora; die Untersuchung des Blutes (Agarplatten, Galle, Bouillon) einmal Pneumokokken, einmal Pneumococcus mucosus, in 3 Fällen war das Blut steril. Die Wassermannreaktion war negativ (bei der Obduktion fand sich in einem Falle Mesaortitis). Die Hervorrufung eines ähnlichen Krankheitsbildes durch intraperitoneale Injektion von Blut der Agranulocytosekranken gelang bei Kaninchen nicht.

Ein epidemiologischer Zusammenhang zwischen den einzelnen Fällen war nicht festzustellen.

Pathogenetisch scheint der ätiologisch ungeklärten Knochenmarkschädigung, dem Defekt des Granulocytenapparates, eine wichtige Rolle zugewiesen werden zu müssen. Es ist daran zu denken, daß die eigenartige Widerstandsunfähigkeit der Gewebe, die offenbar den Nekrosen zugrunde liegt, mit dem Ausfall eines hormonalen Faktors vom Knochenmark aus zusammenhängt. Andererseits ist aber bei der Eigenart der Krankheitslokalisation, z. B. auch im Magendarmtractus, nicht aus dem Auge zu verlieren, daß außerdem auch eine koordinierte Schädigung von hämatopoetischen und anderen Organsystemen in Frage kommt.

Über die Abgrenzung gegenüber anderen ähnlich verlaufenden Krankheitsbildern ist folgendes zu sagen: Bei den akut verlaufenden Zuständen von aplastischer Anämie (Amylie, hämorrhagischer Aleukie) pflegt sich eine hämorrhagische Diathese mit Plättchenarmut zu entwickeln, ferner eine beträchtliche Blutarmut. Etwa dasselbe gilt von Fällen von atypischer, akuter Leukämie mit aleukämischem oder subleukämischem Blutbild, wo bekanntermaßen auch Fälle mit anhaltend subnormalen Zahlen vorkommen.

Wir haben uns auch die Frage vorgelegt, ob es sich nicht bei den Agranulocytosen um perakut verlaufende akute Leukämien handelt, bei denen es noch nicht zur Entwicklung von leukämischen Wucherungen gekommen ist. Eine solche Hypothese läßt sich indessen bei unserer Unkenntnis über die Ätiologie der akuten Leukämie nicht irgendwie fruchtbringend diskutieren. Vielmehr weist die Differenz der pathologisch-anatomischen Befunde darauf hin, daß auch ätiologisch Differentes vorliegt. Dann kommen noch septisch-infektiöse Erkrankungen vor, die ebenfalls Halssymptome hervorrufen und Leukopenie aufweisen. Aber auch diese Fälle gehen mit hämorrhagischer Diathese einher. An der Hand eines Falles von Staphylokokkensepsis mit ulcerierender Tonsillitis, eigenartigen Hautveränderungen („Blutblasen"), Leukopenie und lymphocytärem Blutbild sind analoge Vorkommnisse aus der Literatur von W. Koch aus meiner Abteilung zusammengestellt und die möglichen Beziehungen zur hämorrhagischen Aleukie erörtert. Schließlich sind zur Zeit der letzten Grippeepidemie, der „spanischen Krankheit", Fälle von nekrotisierender Tonsillitis, Pharyngitis und Laryngitis beobachtet, die einen außerordentlich raschen Verlauf genommen haben. Für die Diagnose dieser Fälle ist das Vorausgehen der Grippe ausschlaggebend.

Was die Therapie betrifft, so glaubt Friedemann, daß in einem seiner Fälle eine Neosalvarsaninjektion nicht ohne Einfluß auf die Krankheit war, wenn auch dieser Fall schließlich mit einer Pneumonie tödlich endigte. Weitere Erfahrungen müssen abgewartet werden.

Ein neuerdings von uns beobachteter, typisch verlaufener Fall ist folgender:

Martha S., Ehefrau, 51 Jahre alt, aufgenommen am 18. 3. 1924, gestorben am 20. 3. 24. Anamnese: Die Mutter der Patientin lebt und ist 80 Jahre alt. Der Vater ist an Lungenentzündung gestorben. Eine Schwester der Patientin ist gesund, ebenso die Tochter. Die Patientin hatte als Kind Masern und war sonst immer gesund, auch in späteren Jahren. Sie ist seit 13 Jahren von ihrem Manne geschieden und leidet seit dieser Zeit an nervösen Symptomen, Kopfschmerzen, gestörtem Schlaf mit schweren Traumen. Ihr Nervenzustand verschlechterte sich noch, nachdem sie vor zwei Jahren von einem Radfahrer überfahren wurde und vier Wochen wegen Gehirnerschütterung das Bett hüten mußte. Die jetzige Erkrankung begann am 14. März mit Schüttelfrost, Brechreiz und Appetitlosigkeit, auch Schluckbeschwerden stellten sich ein. Beim Gurgeln erbrach sie mehrmals. Zwei Tage später schwollen auch die Augenlider an, und die Augen fingen an zu sezernieren. Gleichzeitig wurden die Halsschmerzen an der linken Seite sehr stark.

Untersuchungsbefund: Kräftige Patientin. Fettpolster und Muskulatur gut entwickelt. Die hochfiebernde Kranke (Temperatur 40,6°) ist

Agranulocytose. 117

etwas apathisch, gibt aber Auskunft. Keine Ödeme, kein Exanthem, kein Ikterus. Linksseitig besteht eine Schwellung der Kieferwinkeldrüsen. Keine Cyanose. Ganz geringe Dyspnoe. Ober- und Unterlid des linken Auges sind stark geschwollen und gerötet. Die Lidspalte ist geschlossen. Beim Öffnen der Lider wird eine hämorrhagische Bindehautentzündung sichtbar. Am rechten Auge besteht nur leichte Rötung und Schwellung des Oberlides. Die Besichtigung der Mundrachenhöhle ergibt folgendes:
Es besteht starker Foetor ex ore. Zunge belegt. Linke Tonsille nekrotisch mit graugrünem, mißfarbenem Belag bedeckt. An der hinteren Rachenwand vereinzelte punktförmige Blutungen. Die Untersuchung der Brust- und Bauchorgane ergibt keine Besonderheiten. Leber und Milz sind nicht tastbar. Pupillen und Patellarreflexe sind vorhanden. Der Urin enthält Eiweiß, keinen Zucker, mikroskopisch finden sich vereinzelt Leukocyten und Plattenepithelien. Urobilin- und Bilirubinreaktionen des Harnes sind positiv, die Urobilinogenreaktion dreifach positiv. Im Blute besteht Leukopenie mit stärkster Reduktion der polynucleären Leukocyten. Blutplättchen sind reichlich vorhanden.

Im weiteren Verlauf bleibt die Temperatur etwa auf der Höhe von 39° unter geringfügigen Schwankungen. Die Patientin ist am Tage nach der Aufnahme benommen, die Atmung beschleunigt, der Puls klein und unregelmäßig. Ein deutlicher Ikterus der Skleren und der Haut wird sichtbar. Die Leber wird unterhalb des Rippenbogens fühlbar. Die Bindehaut des linken Auges geht in Nekrose mit mißfarbenem Belag über. Während sich die linke Tonsille in eine schmierige nekrotische Masse verwandelt, zeigt auch die rechte Tonsille einen graugrünen Belag. Auch am Scheideneingang sind zwei linsengroße, ganz oberflächliche Nekrosen sichtbar.

Unter Zunahme der Gelbsucht und der nekrotischen Prozesse tritt am folgenden Tage, dem 7. Krankheitstag unter zunehmender Atemnot, Kleiner- und Frequentwerden des Pulses der Exitus ein.

Nähere Blutbefunde sind folgende: Gesamtleukocytenzahl am 5. Krankheitstag 500, am 6. Krankheitstag 600, am 7. Krankheitstag 600. Die erste Differentialzählung ergab 88% Lymphocyten, 10% Monocyten, keine Eosinophilen und 2% fragliche Polynucleare; der zuletzt erhobene Leukocytenbefund vom 6. Krankheitstage: 93% Lymphocyten, 5% Monocyten, 2% Eosinophile. Die Zahl der Erythrocyten betrug 4 384 000. Morphologisch boten die roten Blutkörperchen keine Besonderheiten. Die Zahl der Roten mit Substantia granulo-filamentosa betrug 2 auf 1000, war also etwa normal und zeigte an, daß die Erythrocytenregeneration nicht wesentlich verändert war. Die Lymphocyten waren meist von normaler Größe, hie und da spitzwinklig gekerbt, einzelne fast nacktkernig.

Der proteolytische Versuch mit Rippenmark auf der Löfflerplatte fiel im Gegensatz zur Norm negativ aus. Das Serum der Kranken zeigte mit defibriniertem Normalblut versetzt bei 24stündiger Brutschrankbeobachtung bei 37° kein leukocytenzerstörendes Vermögen.

Die bakteriologischen Ergebnisse des Falles sind folgende (Oberarzt ELKELES): Diphtherieabstriche von Rachen und Augenbindehaut negativ. Intra vitam entnommenes Venenblut ergab: Schüttelkolben Bact. coli, ferner wuchsen in und auf der Blutagarschicht ebenfalls Bact. coli

118 Mandelerkrankungen bei schweren akut verlaufenden Affektionen.

Bakteriologische Untersuchungen aus der Leiche zeitigten in Herzblut, Knochenmark, Cervicaldrüse und Milz Bact. coli in Reinkultur.

Pathologische Anatomie (Prof. CEELEN).
S. Nr. 249/24.
Anatomische Diagnose: Agranulocytose. Coli-Sepsis. Schwere nekrotische Entzündung und starkes entzündliches Ödem des gesamten Rachenringes, des Zungengrundes, der aryepiglottischen Falten, der Epiglottis, beide Sinus piriformis, sowie der oberen Abschnitte des Kehlkopfes. Schwere nekrotische Conjunctivitis links, 2 flache mit Pseudomembranen bedeckte Ulcera an der kleinen Kurvatur des Magens. Zahlreiche kleine Ulcera im Dunn- und Dickdarm, besonders zahlreich in der Ileo-Cöcalgegend, gebunden an die Lymphknötchen. 2 mit Pseudomembranen bedeckte Ulcera der Vaginalschleimhaut dicht hinter dem Introitus vaginae. Schmutzig Grau-Rotfarbung des rechten Femurmarks mit Erythropoese in der oberen Metaphyse. Leichte Schwellung und Hyperämie der Milz. Auffallend viel rote Blutgerinnsel auch in den meisten Arterien. Schwellung und Ikterus der Leber. Trübe Schwellung der Nieren. Leichte Schwellung der pulmonalen, subtrachealen, Cervical- sowie starke Schwellung der Lymphknötchen des Darms. Frische fibrinöse Pleuritis im linken Unterlappen. Leichte Bronchitis. Alte Spitzenschwielen beiderseits. Alte organisierte Pleuritis im Bereich beider Oberlappen. Hochgradige allgemeine Adipositas. Beginnendes Intimalipoid der Aorta. Alte organisierte Peritonitis im hinteren Douglas. Chron. Urocystitis. Atrophie des Uterus und der Ovarien.

Mikroskopischer Befund:
Tonsille: Ausgedehnte bis in die Muskulatur reichende Nekrose des Gewebes mit massenhaften Haufen von Mikroorganismen und zahlreichen Blutungen. Im Bereich und an den Randpartien der Nekrosen zahlreiche hyaline Thromben in den Gefaßen. Nur an ganz vereinzelten Stellen findet sich um die Nekrosen eine eigentlich ausgesprochene Reaktion in Form von Zellanhäufungen, in denen die Plasmazellen vorherrschen, aber auch einzelne einwandfreie gelapptkernige Leukocyten sich nachweisen lassen. In den angrenzenden Muskelteilen um die Tonsille findet man diffuse, lymphocytäre und plasmazelluläre Infiltrationen, keine Leukocyten; stellenweise auch deutliches Granulationsgewebe mit Bindegewebsbildung. Die größeren Arterien- und Venenwandungen sind vielfach stark mit Rundzellen infiltriert und zum Teil thrombosiert.

Pulmonale Lymphknoten: Starke Hyperämie und sehr starke Anthrakose. Proliferation der Endothelien in den Lymphsinus. Pralle Ausfüllung der Sinus mit Fibrin und gewucherten, zum Teil mehrkernigen Endothelien; Blutresorption in zahlreichen Sinus.

Milz: Leichte Atrophie der Lymphknötchen. In zahlreichen Lymphknötchen hyaline Entartung des Stroma. Hochgradigste Hyperämie der Pulpa. Wucherung des endothelialen Apparates der Pulpa.

Magen: Schwere chronische Gastritis. Diffuse Infiltration der Submucosa mit Lymphocyten. An einer Stelle eine bis auf die Muskulatur durch die ganze Submucosa hindurchgehende Nekrose mit pseudomembranösem Belag. Keine leukocytäre Randzone. In der Pseudomembran reichlich Bakterien.

An den Randpartien im Bereich der Nekrosen hyaline Thromben in kleinen Venen und Capillaren. Blutungen in der Submucosa.

Darm: Submucöse Lipombildung. Atrophie der Schleimhaut. In derselben mehrere bis in die fettreiche Submucosa reichende Nekrosen mit beginnender Geschwürsbildung.

Lunge: Ausgedehnte flachenhafte Blutungen in die Alveolenlumina. Hochgradigste Capillarhyperamie im Bereich der Blutaustritte. Kollaps des Parenchyms um die Blutherde herum. Starke Anthrakose mit perivasculärer Bindegewebsneubildung.

Niere: Maßige Hyperàmie. Schwellung des Epithels der Tubuli contorti. In der Marksubstanz in den stark hyperämischen Blutgefaßen zahlreiche kleine lymphocytäre und größere Rundzellen. Stellenweise haben diese Kugeln deutlich wabiges Aussehen.

Leber: Zahlreiche kleine interstitielle Entzündungsherdchen aus Rundzellen bestehend. Sehr große voluminöse KUPFFERsche Sternzellen.

Gehirn: Streifenformig zahlreiche Corpora amylacea.

Pankreas: Sehr zahlreiche Inseln. Starke Vermehrung des interlobulären Bindegewebes. Auffallende Ungleichmäßigkeit in der Größe der Inseln.

Blutgerinnsel: Fast völliges Fehlen der Leukocyten. An farblosen Elementen nur Lymphocyten.

Knochenmark: Schnitt: Sehr reichliches Fettgewebe. In den Maschen derselben Erythrocyten, kleine und große mononucleare Elemente, letztere können nicht mit Sicherheit als Myelocyten erkannt werden. Unter den kleinen mononuclearen Zellen fallen zahlreiche durch ihre besonders kleine Kernform und starke Chromatinfarbung auf. Erythroblasten, vereinzelte Megaloblasten. Schwellung und starke Protoplasmazunahme zahlreicher Reticulumzellen und Capillarendothelien. Vereinzelte zum Teil sehr große Megacaryocyten und mehrkernige Riesenzellen. Im Knochenmark völliges Fehlen von sicheren Myelocyten und gelapptkernigen Leukocyten.

Beim Falle Martha S. ist interessant, daß sich außer der Nekrose der linken Tonsille, der linken Conjunctiva bulbi und zwei oberflächlichen Defekten am Scheideneingang zwei Magenulcera fanden, deren eines eine bis auf die Muscularis durchgehende Nekrose repräsentiert, ferner zahlreiche kleine Ulcera im Dünn- und Dickdarm, besonders zahlreich in der Ileocöcalgegend, an die Lymphknötchen gebunden. Die Tonsillennekrose markiert sich somit lediglich als Teilerscheinung einer allgemein verbreiteten Nekrosetendenz.

Der Fall stimmt in mancher Hinsicht mit dem von E. PETRI kürzlich veröffentlichten Agranulocytosefall einer 43 jährigen Patientin überein, bei dem außer den Halserscheinungen ausgedehnte geschwürige und nekrotische Prozesse im ganzen Magendarmkanal vom Oesophagus bis zum Kolon gefunden wurden. Auch circumscripte Lungenblutungsherde finden sich im

Falle Martha S. wie im Falle von E. PETRI. Während der Blutbefund des Falles Martha S. das auch sonst in unseren Fällen gesehene Verhalten zeigte, ist aus dem histologischen Knochenmarksbefund einiges erwähnenswert. In dem an sich wenig zellreichen Femurmark fanden sich bei Fehlen von Granulocyten kleinere lymphocytenähnliche und größere lymphoide Elemente, ferner Erythroblasten und Megacaryocyten. Bemerkenswert ist nun die Notiz der **Schwellung und starken Protoplasmazunahme zahlreicher Reticulumzellen und Capillarendothelien**. Dieser letztere Vorgang wird für den Fall von E. PETRI in Abrede gestellt. Die Autorin meint, daß die in Frage stehenden Zellen eine gewisse Ähnlichkeit mit reticulo-endothelialen Elementen zeigen, ihre Wesensverschiedenheit von diesen aber durch stärkere Farbspeicherung im Protoplasma bei der Färbung mit Methylgrünpyronin erweisen, was man allerdings nicht als zwingende Beweisführung anerkennen kann. Für die nähere Definition der Knochenmarkshistologie wird jedenfalls noch jeder weitere genau beschriebene Fall von Nutzen sein.

Bei 4 Fällen von FRIEDEMANN handelt es sich ebenfalls um Frauen, deren hochfieberhafte Krankheit in 2 bis 3 Wochen zum Tode führte. Der Beginn war in den 3 ersten Fällen ein plötzlicher, während sich die Krankheit in Fall 4 langsamer entwickelt zu haben schien. Auch in FRIEDEMANNs Fällen treten bald nach Beginn der Erkrankung Halsschmerzen auf und es entwickelt sich eine schwere Angina, die im Beginn durchaus diphtherieähnlich aussieht, bei fortschreitendem Zerfall der Tonsillen jedoch mehr das Bild der Angina necroticans bietet. Im Fall 4 waren die Tonsillen frei, es fand sich indessen am Übergang vom harten zum weichen Gaumen ein grauweißer Belag, der sich bis zum rechten Zäpfchenrand hinzog. Bei einer der Kranken führte der Zerfall bis zur völligen Ausschälung der Tonsillen. In einigen Fällen fanden sich neben der Angina auch in der Haut (Oberschenkel, Finger, Labien) Ulcerationen, die sich durch ein merkwürdig reaktionsloses Aussehen auszeichneten.

Über die, ebenfalls in der Med. Klinik 1923, von R. BANTZ veröffentlichten Fälle, die 2 Frauen betreffen, muß bemerkt werden, daß im Falle 1 die Obduktion fehlt und der zweite durch Haut- und Conjunctivalblutungen von den unsrigen abweicht.

Zur ,,Frage der mit Agranulocytose einhergehenden Fälle von

septischer Angina" sind des weiteren von LAUTER zwei Krankengeschichten wiedergegeben, deren Inhalt folgender ist:

Der erste Fall einer 28jährigen Person begann mit Halsschmerzen und Halsdrüsenschwellungen. Nach 10 Tagen gesellten sich Hautblutungen der Beine hinzu. Der Befund der in sepsisartigem Zustand befindlichen Kranken zeigte Zahnfleischblutungen und blutende Rachenulcera, über den ganzen Körper verteilt petechiale Hautblutungen. Blutaussaat: Streptococcus haemolyticus. Hämatologisch: Rote 2 Millionen, Hb. $35^0/_0$, weiße 900, Plättchen 200 000. Differentialzählung: Leukocyten $2^0/_0$, Lymphocyten $98^0/_0$. Einzelne Normoblasten vorhanden. Die Obduktion erwies außer den angegebenen Befunden eine hämorrhagische Diathese, als Todesursache eine Blutung in die Bauchhöhle. — Im zweiten Falle einer am 8. Krankheitstage aufgenommenen 26jährigen Patientin fanden sich in der Mundhöhle ausgedehnte Stomatitis des Ober- und Unterkiefers, schmierig belegte Ulcerationen am harten Gaumen, Gangrän der linken Tonsille. Temperatur 40^0. Kein Ikterus, keine Hautblutungen. Hämatologisch: Rote 3 Millionen, Hb. $50^0/_0$, Plättchen 300 000, weiße 800. Differentialzählung: Unter 80 Zellen 77 Lymphocyten, 2 neutrophile Leukocyten, 1 Monocyt. Unter rascher Steigerung der Leukocyten von 1200 auf 6000 und weiter auf 9000, Auftreten von Myelocyten und ARNETHscher Linksverschiebung, Besserung des lokalen und Allgemeinbefindens. Nach 9 Wochen mit normalem Blutbild geheilt entlassen.

Bezüglich des Titels der Arbeit von LAUTER stehe ich auf dem Standpunkt, daß man den Ausdruck „Agranulocytose" für das von mir aufgestellte Krankheitsbild als solches reservieren sollte. Je mehr sich das klinische und pathologisch-anatomische Material häuft, desto zahlreicher werden die Kriterien, daß tatsächlich eine wohlabgrenzbare Krankheit vorliegt. Das Fehlen der granulierten Leukocyten als Symptom in einem an Sepsis erinnernden Krankheitszustand ist an sich nicht neu und besonders aus Leukämiefällen mit Verdrängung dieser Komponente des Knochenmarkes längst geläufig. Wie der von PETRI veröffentlichte Fall und weitere hiesige Beobachtungen zeigen, empfiehlt sich auch der Gebrauch der von FRIEDEMANN angeregten Bezeichnung „Angina agranulocytotica" nicht, da die Halserscheinungen unter Umständen nur einen kleinen Abschnitt der tatsächlichen Veränderungen ausmachen können, während ganz ausgedehnte Bezirke des Magen-Darmtractus mit markanten Veränderungen im Vordergrund des pathologisch-anatomischen Geschehens stehen.

Was nun die Fälle von LAUTER betrifft, so liegt in Fall 1 hier eine Agranulocytose im Sinne unserer ersten Beobachtungen nicht vor, weil der Fall mit ausgedehnter hämorrhagischer Diathese verläuft und damit wenigstens klinisch abweicht. Auch das Vorkommen von Normoblasten im Blut fehlt bei unseren Beobachtungen. Der Fall bleibt um so mehr strittig, als ein mikroskopischer Organ-, speziell Knochenmarksbefund nicht angegeben ist. Fernere Beobachtungen müssen zeigen, ob auch Fälle mit manifester hämorrhagischer Diathese vorkommen, die zur Agranulocytose gerechnet werden müssen.

Der zweite Fall LAUTERs weicht von unseren Beobachtungen durch das Fehlen des Ikterus ab. Wenn man hiervon absieht, so würde er den ersten geheilten Fall von Agranulocytose darstellen.

Ebenfalls tödlich verlaufen sind 2 Fälle von A. ELKELES.

Der erste Fall einer 57 jährigen Näherin begann mit Allgemeinsymptomen und Halsschmerzen. Der typische Symptomenkomplex manifestierte sich im Rachen mit blauroter Verfärbung der Schleimhaut und grau-gelblichen zusammenhängenden Belägen auf den Tonsillen. Nach tödlichem Ausgang binnen 4 Tagen ergab die Obduktion schwere Nekrose beider Tonsillen und des peritonsillären Gewebes, ebenso der hinteren Balgdrüsen der Zunge. Der sonstige pathologische Befund entsprach demjenigen der früher beobachteten Fälle. Auch in den Gefäßen der Organe waren keine weißen Blutzellen zu sehen, was, wie nebenher bemerkt sein mag, bei aleukocytämischer Leukämie nicht der Fall zu sein braucht.

Der zweite Fall einer 40 jährigen Patientin war durch zahlreiche kleinerbsengroße Bläschen am Körper ausgezeichnet, die von einem roten Hof umgeben waren (septische Hautembolien). Die Blutaussaat ergab hämolytische Streptokokken. In der Zählkammer wurden keine Leukocyten gesichtet, in Ausstrichen vereinzelte Lymphocyten. In dem typischen Obduktionsbefund war das markanteste die Tonsillennekrose.

Der erste in Amerika veröffentlichte Fall, der mir zugänglich wurde, stammt von BEATRICE R. LOVETT. Es handelt sich um eine 47 jährige Frau, die unter den typischen Erscheinungen mit ausgedehnten Nekrosen der Rachenteile erkrankte, auch entsprechende Läsionen an der Portio uteri aufwies und nach einigen Tagen starb. Die Obduktion bestätigte die Diagnose. Interessant sind in diesem Falle die ätiologischen Untersuchungen: Blutkulturen verliefen negativ und Kulturen von Halsabstrichen, die intra vitam vorgenommen waren, zeigten nur die gewöhnlich vorhandenen Stäbchen und Kokken. Mit anaeroben Methoden wurde von den Erkrankungsherden im Halse und der Vagina nach dem Tode B. pyocyaneus gezüchtet. Dieser Bacillus und ferner ein Pneumokokkus wurden ebenfalls aus Milzkulturen gewonnen. Filtrate von Kulturen des B. pyocyaneus, frisch und nach einmonatigem Wachstum zerstörten normale menschliche Leukocyten in vitro nicht. Es zeigte sich ferner, daß kleine Mengen von Bouillonkulturen von B. pyocyaneus bei Meerschweinchen injiziert die Leukocytenzahl des zirkulierenden Blutes leicht herabsetzen und den Prozentgehalt an polynucleären Neutrophilen kräftig vermindern. Injizierte man die Kulturen intraperitoneal, nachdem 24 Stunden vorher zur Erzielung eines Exsudates einfache Bouillon appliziert war, so zeigte sich eine toxische Wirkung auf die Leukocyten, die Vakuolen aufwiesen und ihre Färbbarkeit veränderten.

Die Autorin hält die Ätiologie ihres Falles ebenfalls für nicht geklärt und ist der Meinung, daß bei der weitgehenden Übereinstimmung der Fälle eine besondere Krankheitsentität vorliegen muß.

Mandelerkrankungen bei sonstigen Infektionszuständen und Intoxikationen.

Zahlreiche weitere allgemeine Infektionszustände gehen mit Tonsillitiden einher. Bei einem Teil dieser Fälle bezieht man die Mandelerkrankungen ohne weiteres in das allgemeine Krankheitsbild, als dessen integrierenden Bestandteil. Es kommen aber auch bei Krankheiten, zu deren Symptomenkomplex die Anginen nicht gehören, Tonsillitiden vor, wenn auch als seltenere Ereignisse, die trotzdem mit der Grundkrankheit in eine pathogenetische Beziehung gesetzt werden müssen. Ich befinde mich in völliger Übereinstimmung mit ORGLER, wenn er die bei Vaccination vorkommenden Mandelaffektionen zum Vaccineinfekt in engsten Zusammenhang bringt.

Entweder lassen sich die im Blute kreisenden Erreger selbst in den Mandeln nieder und wirken direkt entzündungserregend (Typhus!), oder die Mandeln sind auf anderem Wege durch die Gegenwart des primären Infektes so geschädigt, daß die auf ihrer Oberfläche haftenden Erreger Gelegenheit zur Invasion finden. Ob nun die Veränderung der biologischen Einstellung der Mandeln an eine Anwesenheit der hypothetischen Erreger in den Tonsillen selbst geknüpft ist, oder durch eine allgemeine Toxinwirkung oder reflektorisch oder sonstwie zustande kommt, läßt sich nur durch eine Betrachtung von Fall zu Fall entscheiden.

Die wichtigsten Vorkommnisse dieser Art sind im folgenden in alphabetischer Reihenfolge der Krankheiten besprochen.

Aphthae epizooticae.
(Stomatitis epidemica. Maul- und Klauenseuche.)

In gleicher Weise wie die allgemeine Klinik der Maul- und Klauenseuche des Menschen als ein noch völlig ungenügend präzisiertes Gebiet zu gelten hat, muß auch alles, was auf dem Gebiete der Mundrachenhöhle hierüber existiert, als mehr oder weniger problematisch gelten. Es kann keinem Zweifel unterliegen, daß die bisher vorhandene Literatur, welche ihre Diagnose bestenfalls immer nur von einem mehr oder weniger hohen Wahrscheinlichkeitsgrade des Zusammenhangs mit der Tierseuche herleitet, durch eine neue ersetzt werden muß. Die morphologische Feststellung des Erregers ist auch heute noch umstritten, aber wir besitzen eine andere praktisch durchführbare Methode, die Diagnose zu stützen. Das ist die Überimpfung von krankhaftem Material auf die Planten von Meerschweinchen mit nachfolgender Bläscheneruption bei positivem Ausfall des Versuchs. Nach der letzten Darstellung von POPPE verimpft man die aus den Aphthen mittels Capillarpipette entnommene Flüssigkeit am zweckmäßigsten bei mehreren Tieren cutan an der Plantarfläche des Metatarsus, ähnlich der Pockenimpfung. Die Haut der Impffläche wird mit dem Impfmesser unter möglichster Vermeidung einer Blutung eingeritzt und dann die Impfflüssigkeit eingerieben. Man kann auch mittels Spritze intracutanisieren. Eine Impfreaktion tritt nach 12 bis 16 Stunden ein: Rötung, Schmerzhaftigkeit, Schwellung, glasige Verfärbung um die Impfstelle. Zur Ausbildung einer deutlich sichtbaren Blase kommt es nach 24 bis 30 Stunden. Eintrocknung vom dritten Tage an. Zum Platzen gelangt die Blase gewöhnlich nicht. 3 bis 7 Tage nach der Infektion kommt es dann zur Blasenbildung an den ungeimpften Beinen, manchmal auch an der Zunge, als Ausdruck der Generalisation.

Als erster hat nach POPPE GERLACH davon Gebrauch gemacht und auf diese Weise einen Fall bei einem Kinde differentialdiagnostisch geklärt und durch Bildaufnahmen festgelegt. Die im Zusammenhang mit der Infektion beim Menschen auftretende Manifestation in der Mundhöhle wird von einigen Autoren als Bläschenausschlag geschildert. Die Bläschen sollen größer sein als Herpesbläschen und mit milchig getrübtem Inhalt. Die Bläschen platzen dann nach dieser Schilderung und es entstehen oberflächliche, von fibrinösem Belag bedeckte und von gerötetem Hof umgebene Ulcerationen. EBSTEIN sah in seinem Falle von vornherein grauweißliche Infiltrate entstehen und in einem von mir beobachteten Falle waren die Veränderungen, welche auch die Tonsillen betrafen, diphtherie- oder aphthenähnlicher Natur.

Der bei uns beobachtete und von mir beschriebene Fall betrifft ein unter der Diagnose Scharlach eingeliefertes Kind von 2 Jahren und 6 Monaten. Der Angabe nach leiteten eine Augenentzündung und Ohrenschmerzen die Krankheit ein. Der Vater des Kindes selbst gab nachträglich an, das Kind habe während seines Landaufenthalts 2 Monate hindurch rohe Milch bekommen, die von maul- und klauenseuchenkranken Kühen stammte, zuletzt vor 14 Tagen. Die letztere Angabe setzte allerdings eine ungewöhnlich lange Inkubationszeit voraus, die in der Literatur durchschnittlich auf 3 bis 6 Tage angegeben wird.

Das schwerkranke, sonst kräftige, in gutem Ernährungszustand befindliche Kind hatte beiderseits Conjunctivitis und Blepharitis. Am Naseneingang beiderseits Borken. An der Oberlippe links herpesartige Eruption. Mundwinkel gerötet, feucht mit dünnem weißlichem Belag und beginnender Rhagadenbildung.

Man sah ein symmetrisches diffus rotes Exanthem am Gesäß, dem Scrotum und der Hinterfläche der Oberschenkel, welches sich an den Grenzen nach dem Mons pubis, der Vorderfläche der Oberschenkel und den Unterschenkeln zu allmählich in feinste Flecken auflöste. Auch an beiden Armen fanden sich ebenfalls meist unterpfennigstückgroße, unregelmäßig begrenzte, vielfach konfluierte hellrote Flecke.

In der Mundhöhle sah man teils fleckige, teils diffuse diphtherieoder aphthenähnliche Veränderungen der Schleimhautoberflache, welche die Innenflache der Lippenschleimhaut, die Zunge, den weichen Gaumen, die Gaumenbögen und Tonsillen, weniger die Wangenschleimhaut betrafen. Der sonstige Befund bot abgesehen von einer leichten generalisierten Lymphdrüsenschwellung nichts Besonderes. Der Mandelabstrich war für Diphtherie negativ, dagegen ergab sich aus der Mundhöhle eine Reinkultur von Staphylococcus aureus. Die Blutleukocytenzahl war 11 500, ohne charakteristische morphologische Eigenheiten. Der Fall verlief unter Behandlung der Conjunctiven mit 1%iger gelber Augensalbe, der Mundschleimhaut mit 10%igem Borglycerin und Spülungen mit Wasserstoffsuperoxyd in etwa $3^{1}/_{2}$ Wochen gunstig.

In einer von mir zitierten Arbeit von FISCHER werden ganz verschiedenartige Prozesse der Mundrachenhöhle angegeben: Angina mit Stomakace, Angina mit Belag, Fortgang mit Geschwürsbildung der Rachenteile, fieberhafte Stomakace usw. Es muß der Zukunft vorbehalten bleiben, an der Hand der biologisch gesicherten Fälle eine vollkommen neue Kasuistik aufzustellen, eine Ansicht, die auch GINS in einer neueren Arbeit vertritt. Speziell muß die Abgrenzung der Fälle, welche dem Erythema exsud. multiforme angehören oder ihm nosologisch nahe stehen, wie oben ausgeführt ist, Aufgabe der weiteren klinischen und ätiologischen Forschung sein.

Colitis cystica.

Die Ätiologie dieser schweren zu Kachexie führenden Darmerkrankung, die von den einen auf alimentäre, von anderen auf infektiöse Ursachen zurückgeführt wird, soll hier nicht näher diskutiert werden. Bekanntlich ist in den letzten Jahren eine größere Anzahl von Fällen zur Beobachtung gekommen.

Auf unserer Westender Abteilung sahen wir 3 derartige Fälle, von denen einer sub finem eine eigenartige Halserkrankung aufwies, die kurz geschildert sein mag.

Es handelt sich um die 50jährige Mathilde B. (Aufn.-Nr. 7548 1924), die seit langer Zeit an schwerer Kolitis behandelt war und in schwer kachektischem Zustande (Gewicht 39,7 kg!) etwa 5 Tage vor ihrem Tode an Tonsillitis erkrankte, zunächst mit Rötung und Pfropfbildung der rechten Tonsille. Weiterhin kam es auf beiden Tonsillen, im Bereiche der Wangenschleimhaut und unter der Zunge zu membranösen, schmierigen, verhältnismäßig leicht abstreifbaren Belägen. Die bakteriologische Untersuchung von Rachen- und Nasenabstrich ergab Diphtheriebacillen, überwuchert mit Bac. pyocyaneus. Bemerkenswert war nun, daß weder eine nennenswerte Fieberbewegung einsetzte, noch typische Symptome der Diphtherietoxinvergiftung zur Geltung kamen, noch der Charakter der Membranen den eigentlichen diphtherischen Typus zeigten. Die Krankheit entwickelte sich vielmehr wie auch sonst bei Colitis cystica kachektisch und deliriös weiter bis zum Tode.

Pathogenetisch liegen die Verhältnisse offenbar hier so, daß die Schleimhaut des zu einem gewissen Zeitpunkt in den allgemeinen Symptomenkomplex hineinbezogenen obersten Intestinalabschnittes für die auf ihr vorhandene Flora durchlässig und reaktionsfähig geworden war.

Das eigenartige Erkrankungsbild der Mundhöhle ist nicht durch das Hinzutreten besonders virulenter Erreger, sondern durch die besondere örtliche biologische Umstellung der Mund- und Rachenschleimhaut zu erklären. Es liegt klar auf der Hand, daß in solchen Fällen bei Gegenwart von LÖFFLERschen Diphtheriebacillen die Serotherapie keine nennenswerten Aussichten bietet, weil die pathogenetische Rolle des Erregers erst in zweiter Linie steht.

Bemerkenswert ist, daß auch in dem zweiten der von BONHOEFFER (Dtsch. med. Wochenschr. 1923. Nr. 23) wiedergegebenen Fälle von Unterernährungspsychosen von Pellagratypus 3 Tage vor dem Exitus letalis eine Angina follicularis auftrat.

Erythema exsudativum multiforme.

Die Schleimhautefflorescenzen, an denen auch die Mandeln beteiligt sein können, treten entweder gleichzeitig mit denen der Haut auf, seltener gehen sie ihnen vorauf oder folgen ihnen. Weniger charakteristisch als die Hauterscheinungen stellen sie, wie ausgeführt wird, gewöhnlich nur rundliche Blasenreste in Gestalt losgelöster Epithelfetzen oder eigentümliche matsche, sehr leicht blutende gelbliche Beläge dar. Die Tonsillen waren beim Erythema exsudativum multiforme in TRAUTMANNs Statistik nur in 20% der Fälle befallen, bei denen gleichzeitig mit den Hauterscheinungen oder vorher oder nachher Schleimhautmanifestationen auftraten. TRAUTMANN selbst führt unter seinen Beobachtungen den Fall einer alten Frau an, bei der im Verlauf eines linksseitigen Schultergelenksrheumatismus Blasen an Handteller und Fußsohlen auftraten. Außer Hautflecken erschienen dann rote Flecken im Bereiche der Tonsillargegenden, die sich in weißliche Plaques umwandelten. Die Lippen bedeckten sich mit weiß-gelblichen krustigen Belägen. Auch am Gaumen beiderseits entwickelten sich an Plaques muqueuses erinnernde Efflorescenzen. Im Bereiche von Larynx und Trachea traten Schmerzen auf, ferner weitere Hautflecken, schließlich Abschuppung an Handteller und Fußsohlen.

Im Laufe der Jahre bekamen wir in Westend eine Anzahl von Fällen zu Gesicht, die wegen ihrer Halsaffektion meist als „Diphtherie" dem Krankenhause überwiesen wurden, sich als frei von Diphtheriebacillen erwiesen und sich schließlich durch das Auftreten von spärlichen eigenartigen Hautmanifestationen als kombinierte Haut-Schleimhauterkrankungen enthüllten, die man am ehesten dem Erythema exsudativum multiforme anreihen oder wenigstens diesem nahestellen konnte. Mein früherer

Mitarbeiter Dr. BAADER hat die schwer zu registrierenden Fälle unter der Bezeichnung „Dermatostomatitis" veröffentlicht. Da die Kenntnis derartiger Vorkommnisse praktisch wichtig ist, seien zwei der Fälle hier wiedergegeben:

Fall 1. Lucie M., Schülerin, 9 Jahre alt, aufgenommen am 31. 10. 22, geheilt entlassen am 20. 11. 22. Das Kind, welches in früheren Jahren an Windpocken, Keuchhusten und Grippe krank gewesen war, erkrankte am 25. Oktober mit Halsschmerzen, Schluckbeschwerden, Kopfschmerzen und Fieber. Der am 30. 10. zugezogene Arzt stellte Mandelentzündung mit Diphtherieverdacht fest.

Die Untersuchung des kraftigen, im guten Ernahrungszustande befindlichen Kindes ergab im Bereiche der Mund-Rachenhöhle folgendes: Die Innenfläche der Lippenschleimhaut ist von einem grauweißen Belag bedeckt, der beim Abheben von der Unterfläche eine blutende Erosion hinterläßt. Den gleichen Belag zeigen Partien des harten und weichen Gaumens, die Gaumenbögen und Teile der Wangenschleimhaut, ferner der rechte Zungenrand in der Nähe der Spitze mit Fortsetzung auf die Unterfläche der Zunge. Beiderseits Schwellung der Kieferwinkeldrüsen. Der übrige Organbefund bot nichts anderes. Es bestand keine Milzschwellung. Die Temperatur bewegte sich um 38° bis 39°. Der Puls war beschleunigt, zwischen 120 und 140.

Da der Prozeß, ungeachtet der gewohnlichen Lokalisation, vom aufnehmenden Krankenhausarzt zunächst für Diphtherie gehalten wurde, so wurden Diphtherieserum injiziert, am Aufnahmetage 2000 I. E., am folgenden 3000 I. E. beide Male intramuskulär. Die Blutuntersuchung erwies das Bestehen einer leichten Leukocytose: 12 860 Leukocyten am 8. Krankheitstag, 15 320 am 10. Die Differentialzählung ergab am 8. Krankheitstag: Polynucleäre Neutrophile 66%, Lymphocyten 12%, Monocyten 20%, Reizungsformen 1%, Eosinophile 1%, am 10. Krankheitstag: Polynucleäre 80%, Lymphocyten 9%, Monocyten 9%, Eosinophile 2%.

Gegen Abend des 8. Krankheitstages werden an der Vorderseite des linken Oberschenkels 2 kleine linsengroße Papeln beobachtet, in deren Zentrum ein stecknadelkopfgroßes Bläschen zu sehen ist.

Einige wenige Efflorescenzen ähnlichen Charakters treten am folgenden Tage auf, und zwar am rechten Gesäß 2, an der Außen- und Hinterseite des linken Oberschenkels 3, an der Vorderseite des rechten Oberschenkels eine. Die älteren Efflorescenzen haben an Ausdehnung zugenommen und sind etwa pfennigstückgroß. Am 11. Krankheitstage sind noch neue Hauteruptionen an der Hinterseite der Unterschenkel hinzugetreten. Man zahlt im ganzen jetzt 20. Die älteren Efflorescenzen sehen kokardenartig aus. Ein peripherer wallartiger rosafarbener Ring umgibt das erhabene, etwas dunkler livide gefärbte Zentrum, in dessen Mitte ein dunkler stecknadelkopfgroßer Schorf sitzt. Im weiteren Verlauf läßt die Tendenz zur Bildung der Hautefflorescenzen nach. Am 13. Krankheitstage ist noch im Bereiche der Genitalien, an der linken kleinen Labie eine linsengroße Papel aufgetreten.

Während der Entwicklung dieser zu Anfang sehr geringfügigen Hautveränderungen beginnt der Befund in der Mund-Rachenhöhle sich zurückzubilden. Am 14. Krankheitstag ist die Lippenschleimhaut schon wieder völlig intakt. An der Zungenspitze und der Unterfläche der Zunge sind noch einige scharf begrenzte graurötliche Belagreste sichtbar. Am 20. Krankheitstag sind sowohl die letzten Veränderungen der Mundrachenhöhle, wie die Hautefflorescenzen abgeheilt. Die anfängliche Fieberbewegung machte etwa vom 14. Krankheitstage an normalen Temperaturen Platz. Das Kind wurde am 27. Krankheitstag geheilt entlassen.

Die bakteriologischen Untersuchungen haben folgendes ergeben: Niemals Diphtheriebacillen, weder im Nasen- noch im Rachenabstrich! Im Mundauswurf wurden am 9. Krankheitstag vorzugsweise Staphylokokken gefunden, vereinzelte Strepto- und Mikrokokken. Die Untersuchung vom 18. Krankheitstage ergab Influenzabacillen und Pneumokokken. In Rücksicht auf die Möglichkeit der Diagnose Maul- und Klauenseuche wurde auch der neuerdings übliche Impfversuch am Meerschweinchen vorgenommen, mit negativem Ergebnis.

Fall 2. Sylvester P., Schlosserlehrling, 16 Jahre alt, aufgenommen am 4. 12. 22, entlassen am 30. 12. 22.

Der Patient gibt an, in den letzten Jahren alljährlich im Winter an Halsentzündung gelitten zu haben. Er erkrankte am 21. 11. mit Kopfschmerzen und Husten. 8 Tage später schwollen die Lippen stark an, die Augen begannen zu brennen, und es stellte sich eine Anschwellung der Augenlider ein, die sezernierten und morgens förmlich zugeklebt waren. Gleichzeitig stellten sich auch Schluckbeschwerden und Fieber ein, ferner Juckreiz an den Genitalien, eine intensive Rötung an der Glans, und am Scrotum ein dunkelrot aussehender fleckiger Ausschlag.

Die Untersuchung des mäßig kräftigen, in ziemlich gutem Ernährungszustande befindlichen Kranken ergab bezüglich der Mund-Rachenhöhle folgendes: Die Lippen sind zum Teil borkig, teils schmierigspeckig belegt. Es besteht übler Geruch aus dem Munde. Infolge reichlicher Salivation fließt dem Patienten Speichel aus dem Mund. Die Mundschleimhaut ist stark gerötet und aufgelockert. Die Schleimhaut des harten Gaumens zeigt rechts am Zahnrand einen oberflächlichen weißen Belag. Die Rachenteile sind intensiv gerötet. Tonsillen und Uvula sind speckig und schmierig belegt. Die Zunge ist belegt, an den Rändern, an der Spitze und an der Unterseite finden sich flächenhafte oberflächliche Epitheldefekte. Die Besichtigung der Augen ergibt enge Lidspalten und starke Schwellung der Lidränder, die borkig belegt sind. An den Genitalien findet sich eine oberflächliche Erosion und Rötung der Glans penis an der Spitze um den Urethraleingang herum. Die Haut des Scrotum ist etwa handflächengroß nässend und verändert. Der veränderte Bezirk ist offenbar aus etwa pfennigstückgroßen konfluierten runden Efflorescenzen entstanden, die ein dunkleres Zentrum haben und einen wallartigen Rand. Solche Efflorescenzen sind an der Peripherie der erkrankten Hautpartie noch gut erkennbar. Auf der Haut des rechten Beines findet man verstreut 4 Efflorescenzen, teils Papeln von Linsengröße, teils pfennigstückgroße Eruptionen mit dunklerem Zentrum und wallartiger hellerer Peripherie. Außerdem findet sich eine markstückgroße ovoide Efflorescenz von dunklerem Zentrum von Halbpfennigstückgröße mit hellem Hof kokardenförmig aussehend am linken Oberarm außen. Im Verlauf der nächsten Tage verändert sich das Bild etwas. Man sieht an der Innenseite des rechten Oberschenkels 5 Bläschen mit schwach eitrigem Inhalt und gerötetem Hof. Am linken Oberschenkel findet sich ein isoliertes Bläschen mit trübem Inhalt. Die an der Außenseite des linken Oberarms beschriebene Efflorescenz hat sich zu einer dattelgroßen Blase entwickelt. Im Laufe der Entfieberung, die nach einigen Tagen eintritt, gehen alle Schleimhauterscheinungen zurück. Am 9.12. sieht man noch an der Uvula und beiden Tonsillen schmieriggraue Beläge, die auch den harten Gaumen und die Innenflächen der Wangenschleimhaut landkartenartig bedecken. Am Zungenbändchen und im Bereich der Zungenspitze sieht man einen girlandenförmigen grauen Fibrinbelag. Das Zahnfleisch ist noch geschwollen, blaurötlich und leicht blutend. Neu aufgetreten sind auf dem Nasenrücken 3 kleine Eiterpusteln mit rotem Hof, ebenso am linken Unterschenkel auf der Schienbeinkante 2 Pusteln. Während die Schleimhauterscheinungen sich langsam zurückbilden, findet sich unter dem 14. 12. bemerkt, daß sich im Nacken 2 fünfpfennigstückgroße Hautabscesse gebildet haben, ein ebensolcher an der Innenseite des rechten Oberschenkels und an der Außenseite des linken Unterschenkels. In der Umgebung des letzteren ist das Gewebe in etwa fünfmarkstückgroßer Ausdehnung stark infiltriert und livide verfärbt. Am 16. 12. öffnen sich die Abscesse spontan, und es entleert sich mit Blut gemischter Eiter, in welchem Staphylokokken nachgewiesen werden. Während dieser ganzen Periode sind mit Ausnahme der ersten 3 Tage der Krankenhausbeobachtung nur geringe Fieberbewegungen zu konstatieren. Nach Rückgang aller Erscheinungen wird der Patient am 30. 12. entlassen.

Von den bakteriologischen Untersuchungen ist noch zu erwähnen, daß weder Rachen- noch Nasenabstrich Diphtheriebacillen ergaben, und daß im Absceßeiter Staphylokokken nachgewiesen wurden. Auch der Pusteleiter erhielt reichlich Gram-positive Kokken. Die in Rücksicht auf die mögliche Diagnose Maul- und Klauenseuche vorgenommene Meerschweinchenimpfung zeitigte ein negatives Resultat.

Hämatologisch zeichnete sich auch dieser Fall wie der vorherige im Beginn durch eine relativ hohe Monocytenzahl aus. Bei einer Gesamtleukocytenzahl von 8460 im Kubikmillimeter lautete die Differentialzählung folgendermaßen: Polynucleäre Neutrophile 60%, Lymphocyten 15%, Monocyten 18%, Eosinophile 6%, Reizungsformen 1%.

Die wiedergegebenen Fälle, welche anfangs einen relativ schweren Eindruck machten, verliefen ebenso wie andere von uns beobachtete günstig. Wichtig ist auch, daß sie trotz mehr oder weniger ausgesprochener Beteiligung der Genitalien als sicher nicht luetisch angesehen werden mußten. Weiteren Untersuchungen muß es vorbehalten bleiben, zu entscheiden, ob man es bei der ,,Dermatostomatitis" lediglich mit einer Variante des Erythema exsudativum multiforme zu tun hat, oder ob sie prinzipiell von dieser zu trennen ist. Der letzteren Ansicht neigten die von uns befragten Hautspezialisten zu.

Erythema infectiosum (Ringelröteln).

Eine epidemisch auftretende akute Infektionskrankheit, die durch großfleckiges Exanthem im Gesicht und auf den Streckseiten der Extremitäten charakterisiert ist, zeigt zu Beginn zuweilen eine Angina, wobei gröbere Störungen des Allgemeinbefindens zu fehlen pflegen.

Erythema nodosum.

Das Erythema nodosum kann mit einfachen Tonsillitiden einhergehen, während die im Bereiche der Mundhöhle sonst gefundenen Lokalisationen als Knoten, Bläschen, Ekchymosen oder Schwellungen, auch mit Übergang in kraterförmige Geschwüre beschrieben werden.

Grippe.

Die im Verlauf der Grippe vorkommenden Tonsillitiden verlaufen meist unter dem Bilde harmloser lacunärer Affektionen. Aber auch einzelne schwere nekrotisierende Halsentzündungen sind bei uns zur Zeit der Grippeepidemie, „spanischen Krankheit", der Jahre 1919/1920 zur Beobachtung gekommen. Leider sind die damaligen klinischen Daten, zum Teil noch unvollständig, was außer besonderen äußeren Umständen vorzugsweise durch den sehr rasch zum Tode führenden Verlauf der Erkrankungen verursacht ist. Von den auf Veranlassung von VERSÉ durch MAX MEYER zusammengefaßten Fällen sei kurz folgendes wiedergegeben:

Fall 1. Paul E., Oberkriegsgerichtsrat, 42 Jahre alt, aufgenommen 19. 12. 19, gestorben am gleichen Tage.

Der unter dem Zeichen einer schweren Trachealstenose eingelieferte Kranke gibt an, seit einer Woche krank zu sein und seit 2 Tagen an Atemnot zu leiden. Er wurde außerhalb mit 8000 I. E. Diphtherie-Serum gespritzt. Zu Beginn der Erkrankung sollen leichte Halsschmerzen und Fieber bestanden haben.

In dem Befund des verfallen und cyanotisch aussehenden Mannes ist bezüglich der Tonsillen zu erwähnen, daß sie grauweiß belegt aussehen. Der Kranke stirbt bereits während der Vorbereitung zur Tracheotomie, nach Inhalation von wenigen Tropfen Narkosemittel.

Die pathologisch-anatomische Diagnose lautete: Amygdalitis necroticans. Inflammatio et oedema pharyngis et laryngis, Hypertrophia et dilatatio cordis. Pigmentatio fusca myocardii.

Bakteriologisch wurden festgestellt: Stäbchen, Kokken (Diplostreptokokken), Spirillen, keine Diphtheriebacillen.

132 Mandelerkrankungen bei sonst. Infektionszuständen u. Intoxikationen.

Besonders betont wird noch, daß bei der Obduktion eine merkwürdige graue, glasige Schwellung von Pharynx und Larynx auffiel. Die hochgradig veränderten Tonsillen wurden schon makroskopisch für nekrotisch gehalten, was sich histologisch bestätigte.

Der 2. Fall betrifft einen 61 jährigen Portier, der am 11. 1. 1920 aufgenommen wurde und nach wenigen Stunden starb. Der Fall verlief ähnlich wie der vorhergehende, nur war der Verlauf hier noch schneller. Vom Beginn der ersten Krankheitszeichen Kopf- und Halsschmerzen, bis zum Exitus letalis vergingen nur 4 Tage. Todesursache: Versagen des Herzens infolge des Angriffs der Grippeerreger, kombiniert mit der schrankenlosen Invasion von Streptokokken in Tonsillen, Pharynx und Larynx. „In den Tonsillen", führt M. MEYER aus, „spielt sich der Mortifikationsprozeß offenbar primär in der Submucosa ab, denn wir sehen stellenweise Epithel in Degeneration als Folge der gänzlichen Nekrose der bindegewebigen Unterlage. Alles ist wieder mit Streptokokken in Diploform durchsetzt, nur in der Tiefe der Nekrose fehlen sie, bzw. sind sie wegen Sauerstoffmangels zugrunde gegangen. Alle Gefäße enthalten Thromben, in denen auch schon massenhaft Streptokokken wuchern. Die serofibrinöse Exsudation durchsetzt weithin das Gewebe, das von den lacunären Nekrosen aus mit den Bakterien überschwemmt worden ist." Wie im ersten Fall fehlen auch hier Eiterung und septische Milzschwellung.

Während in den beiden bisher besprochenen Fällen die nekrotisierenden Prozesse an den Tonsillen stark im Vordergrund stehen, wird von drei weiteren Fällen eine zweite Gruppe gebildet, welche als Hauptbild schwerste nekrotisierende Veränderungen des Pharynx und Larynx darbieten.

Im 3. Fall eines 21 jährigen Hausmädchens, welches am 31. 12. 19 aufgenommen wurde, und am Abend desselben Tages starb, betrug die Dauer vom ersten Auftreten der Grippeerscheinungen, Gliederschmerzen und Heiserkeit, bis zum Exitus letalis 5 Tage. Am 4. Tage traten zu den leichten Erscheinungen die schweren Symptome hinzu, die wieder als Diphtherie gedeutet und behandelt wurden.

Die Tracheotomie war erfolglos. Die Obduktion erwies den Grippecharakter der Affektion hauptsächlich aus der typischen Beschaffenheit der Grippepneumonie, wie sie damals täglich auf dem Sektionstisch zu beobachten war. Die Veränderungen der Halsorgane waren hier nun anders als in den vorher beschriebenen Fallen. Die Tonsillen waren im ganzen weniger beteiligt, weich, gerötet, während sie in den vorhergehenden Fällen derb, infiltriert, grau-schwärzlich verfärbt waren. Mikroskopisch waren indessen die Veränderungen stärker als nach dem makroskopischen Anblick zu erwarten war. In der Tiefe fanden sich beginnende nekrotisierende Vorgänge mit Kokkenhaufen. Nur war die Hauptverbreitung der Streptokokken gegen den Pharynx gerichtet. Gleich im Anschluß an die Tonsillen begann die Nekrose, die Submucosa und Muscularis gleichmäßig umfaßte. In diesem Fall fanden sich etwas Eiter in der Submucosa des rechten Sinus piriformis und eine septische Milzschwellung.

Ein sehr augenfälliges Bild der Schwere der Erkrankung lieferte der

Fall 4 einer 46jährigen Ehefrau, die am 2. 1. 20 aufgenommen wurde und 1^{20} früh morgens des folgenden Tages starb. Nach Beginn mit Allgemeinerscheinungen wie bei Grippe, mit Schmerzen im Rücken, Gliederschwere und Mattigkeit traten am 6. Krankheitstage bedrohliche Erscheinungen unter Luftmangel auf. Bei der Obduktion, die in diesem Falle verhältnismäßig bald nach dem Tode vorgenommen werden konnte, fand sich die geschwollene Schleimhaut um den Kehlkopfeingang in einer breiten gürtelförmigen Zone grau-gelb verfarbt. Von hier aus erstreckt sich die Veränderung auf die benachbarten Teile und reicht nach oben aufwärts bis zu den Tonsillen, deren unterer Teil ebenso verfärbt ist, und weiterhin auf die verschwollenen hinteren Gaumenbögen. Die Grenze gegen die weniger veränderte Schleimhaut wird meistens durch eine stärkere streifige Rötung gebildet.

Im 5. Fall einer 37jährigen Witwe, die am 29. 1. 20, am angeblichen 4. Krankheitstage, aufgenommen wurde und starb, zeigte die Lokalisation insofern eine neue Variante, als der Zungengrund mitergriffen war.

Im 6. Fall eines 26jährigen Hausmädchens, Anna Sch., die am 19. 1. 20 aufgenommen wurde, und am 27. starb, unterschied sich der Befund an den Halsorganen von den bei den anderen Sektionen gefundenen Halsveränderungen. Es lag nur eine akute Angina und akute Entzündung der tieferen Luftwege vor. Im Kehlkopf fand sich eine Phlegmone mit Streptokokken. Bemerkenswerterweise ließen sich in den akut entzündeten Tonsillen keine Streptokokken nachweisen, und die anatomischen Veränderungen waren hier sehr gering. Eine Milzschwellung war aufgetreten. Allerdings dauerte die infektiöse Erkrankung 13 Tage.

MAX MEYER betont, daß, wie dieser Fall lehrt, die Eingangspforte für die Erreger der Sekundärinfektion nicht stets an demselben Orte zu suchen ist, sondern daß sie an den verschiedensten Stellen angreifen können. ,,Während in den anderen Fällen die Tonsillen als der Ausgangspunkt anzusehen sind", führt er aus, ,,sind in diesem Falle die Streptokokken in das Gewebe des Kehlkopfes eingedrungen". Bei der Larynxaffektion hat man es mit der von KUTTNER so benannten Laryngitis submucosa im Stadium suppurativum zu tun.

Besonders in den ersten 5 Fällen ist das Gemeinsame, daß der Körper höchst mangelhaft auf die Schwere der Reaktion gewirkt hat. ,,Das kann entweder durch eine besonders große Virulenz der Erreger der Sekundärinfektion oder aber durch eine sehr große Schwächung des Körpers durch die primäre Influenzaerkrankung erklärt werden, welche die Widerstandskraft des Organismus so herabsetzt, daß der Sekundärinfektion Tür und Tor geöffnet ist" (VERSÉ). Die Autoren rücken die letztere Auffassung in den Vordergrund.

,,Die Tonsillen", führt M. MEYER aus, ,,sind weitgehend von Nekrosen durchsetzt, die ihren Ausgang von den Krypten nehmen,

134 Mandelerkrankungen bei sonst. Infektionszuständen u. Intoxikationen.

und wir finden gleich an Ort und Stelle den Erzeuger dieser Nekrosen in großer Menge. Die Streptokokken, die in allen unseren Fällen die Erreger waren, liegen in solchen Massen im Gewebe, sowohl in den Tonsillen als in den anschließenden Teilen des Pharynx, wie man es nur äußerst selten zu Gesicht bekommt. Auf die Wirkung ihrer Toxine ist auch die sero-fibrinöse Ausscheidung aus den Gefäßen zurückzuführen, die das heftige Ödem macht. In diesem Falle fehlt eine richtige Eiterung. Das glauben wir mit der Primärerkrankung, der Grippe, erklären zu können, die den Körper schon so geschwächt hat, daß er die nötigen Abwehrmaßnahmen nicht zur rechten Zeit treffen kann. In dieser Hinsicht gibt auch die fehlende Milzschwellung zu denken."

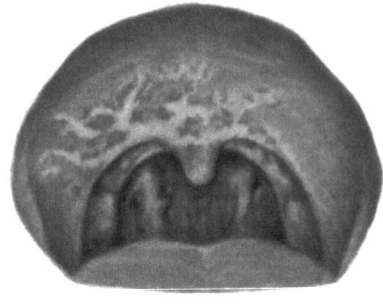

Abb. 17. Nekrotisierende Erkrankung der Mundrachenhöhle bei Grippe.

Den älteren, sämtlich ungünstig verlaufenen Fällen können wir jetzt einen anfügen, der in Heilung ausgelaufen ist.

Es handelt sich um den Fall einer 42jährigen Frau, Maria H., die am 7. 11. 24 erkrankt war und mit Grippepneumonie 1 Woche später eingeliefert wurde. Hier entwickelten sich am 19. 11. im Bereiche von weichem Gaumen, Uvula, Tonsillen und hinterer Rachenwand gelbliche Nekrosen, die unregelmäßig konfluierten und bald in Eiterung übergingen. Auch Epiglottis und Zunge wurden beteiligt. Der bakteriologische Abstrich ergab Staphylokokken und Influenzabacillen, keine Diphtherie, keine Fusospirillose. Die Patientin erhielt am 4. 12. 0,15 Neo-Salvarsan. Die Halserscheinungen bildeten sich langsam zurück. Hamatologisch verlief der Fall mit Leukocytose von 15 500. Die Differentialzählung ergab: Polynucleäre Neutrophile 81%, Lymphocyten 12%, Monocyten 7%, Eosinophile 0%.

Meningitis cerebrospinalis epidemica.

Bei der Meningokokkenmeningitis können die Mandeln wie die übrigen Teile des Waldeyerschen Rachenringes mit entzündlicher Schwellung beteiligt sein. Man beobachtet aber auch Fälle, in denen diese Teile völlig normal aussehen. Daß, wie Busse in seiner Monographie von 1910 ausführte, Meningokokkenanginen ohne Beteiligung der Hirnhäute in großer Menge vorkommen und im Mittelpunkt der Verbreitung der Krankheit stehen, muß man klinischerseits für sehr unwahrscheinlich halten. Wenn der WALDEYERsche Rachenring an dem Symptomenkomplex der Genickstarre beteiligt wird, so geschieht dies vom Blutwege her.

Morbilli.

Die 3 bis 4 Tage vor dem Exanthem auftretenden KOPLIKschen Flecken betreffen im allgemeinen die Wangenschleimhaut und die Umschlagstelle zur Gingiva, nicht die Mandeln. Das Exanthem der Mundschleimhaut betrifft in Form von unregelmäßig gestalteten Fleckchen Gaumen und Uvula. Die Tonsillen sind geschwollen und entweder fleckig oder diffus gerötet. Tonsillitis lacunaris sah JOCHMANN zuweilen als Hausinfektion bei Masernkindern im Rekonvaleszenzstadium mit plötzlichem Fieberanstieg, kurzer Dauer und gutartigem Verlauf. Die von GRUMANN als Frühsymptom geschilderten punkt- und strichförmigen Vorkommnisse auf den Mandeln, die mit dem Ausbruch des Exanthems verschwinden, ließen sich bei uns in geeigneten Fällen zwar feststellen, scheinen aber für die Praxis ein zu schwierig sichtbares Objekt zu sein.

Rubeolae.

Bei den Röteln bemerkt man auf der Schleimhaut des weichen Gaumens und der Wangen ein kleinfleckiges, blaßrotes Exanthem, eventuell einzelne Petechien. Die Tonsillen zeigen meist nur die Erscheinungen einer Angina catarrhalis mit Schwellung, Rötung und leichter Schmerzhaftigkeit der Tonsillen.

Typhus abdominalis.

Bei STRÜMPELL findet sich die Notiz, daß man bei der Untersuchung des Rachens auf den Mandeln eigentümliche weiße, leicht erhabene Flecke sieht, die später in oberflächliche Geschwürsbildung übergehen. Subjektiv bestehen Schlingbeschwerden. Die Stellen heilen nach einiger Zeit ab, während die Krankheit ihren gewöhnlichen Verlauf nimmt. Pathogenetisch wird eine spezifisch typhöse, d. h. durch Typhusbacillen selbst hervorgerufene Erkrankung der Tonsillen angenommen. Nicht für wahrscheinlich kann man es dagegen halten, daß sich, wie vermutet wird, die Typhusbacillen gleich bei der ersten Infektion auf den Tonsillen angesiedelt haben. Bekanntlich neigt man heute auch für die

Typhusgeschwüre im Dünndarm der Ansicht zu, daß diese erst sekundär vom Blut aus durch indirekte Beteiligung der lymphatischen Organe des Darms zustande kommen. Demgemäß wird man die Beteiligung der Tonsillen ebenfalls als etwas Sekundäres aufzufassen geneigt sein.

Viel häufiger ist jedenfalls beim Typhus eine in der unmittelbaren Nachbarschaft der Tonsillen auftretende Affektion, die entweder einseitig oder doppelseitig vorkommt. Es sind die sogenannten ovalären Geschwüre, die etwa parallel zur Längsachse der Mandeln, lateralwärts von diesen auf der Vorderfläche der vorderen Gaumenbögen in etwa Bohnengröße zu finden sind. Man kann sie aus einer stecknadelkopfgroßen Papel entstehen sehen, die sich in ein Geschwürchen verwandelt, welches sich allmählich vergrößert. Einer besonderen Therapie bedürfen die meist symptomlos verlaufenden ovalären Geschwüre nicht.

Scarlatina.

Zu Beginn des Scharlachs sind die Tonsillen geschwollen und dunkelrot. Leicht abstreifbare, schleimig-eitrige Beläge und lacunäre Pfröpfe werden sichtbar. Auch festhaftende diphtherieartige Beläge kommen vor. Die gleichzeitige pathogenetisch verbundene Konkurrenz von Löfflerbacillen ist entschieden selten, wie sich aus der Seltenheit echter postdiphtherischer Erscheinungen nach Scharlach entnehmen läßt.

Von besonderer Bedeutung ist die Angina necroticans. Die ersten Erscheinungen auf den Mandeln können unmerklich in diese übergehen. In anderen Fällen kommt es zu einem deutlichen Intervall. Nachdem die lacunäre Angina abgeklungen ist, das Fieber bereits sich anschickt, normalen Temperaturen Platz zu machen, kommt es zu erneuter Höhereinstellung der Temperatur. Auf den Tonsillen erscheinen weißliche oder grau-gelbliche Beläge. Der Prozeß ergreift bald auch Uvula, Gaumenbögen und die benachbarten Teile des weichen Gaumens. Die diphtherisch-nekrotischen Herde greifen weiter um sich und man hat auf der Höhe des Prozesses umfangreiche stark eiternde geschwürige Herde vor sich, die an der Peripherie Neigung zur Progredienz zeigen. Das Entstehen großer Defekte ist durchaus nicht selten zu konstatieren. Im Gegensatz zur Lues besteht aber eine ausgesprochene Tendenz zum Wiederausgleich der Defekte während der Rekonvaleszenz. Die sehr häufige gleichzeitige Beteiligung weiterer Teile von Rachen und Kehlkopf und deren weitere Konsequenzen sollen hier nicht besprochen werden. Nur sei auf die mit der tiefgehenden Ulceration des Gewebes verbundene Blutungsgefahr hingewiesen.

Das im Verlauf des Scharlach allgemein bekannte Krankheitsbild der Angina necroticans kann in seiner Beurteilung Schwierigkeiten bieten, wenn, was zuweilen vorkommt, der ursprüngliche Scharlach übersehen worden ist. In solchen Fällen ist die Anamnese einer sorgfältigen Revision zu unterziehen und die Haut auf Schuppung nachzusehen.

Die Angina necroticans ist bakteriologisch durch die Gegenwart massenhafter Streptokokken charakterisiert. Der Verlauf der Scharlacherkrankung erhält durch die Entwicklung einer Angina necroticans immer eine etwas ernstere Wendung, die sich in einem nicht ganz geringen Prozentsatz tödlicher Ausgänge ausdrückt.

Es soll nicht unerwähnt bleiben, daß nach JOCHMANN nekrotische Anginen auch spontan und ohne Zusammenhang mit Scharlach, durch Streptokokken verursacht, vorkommen.

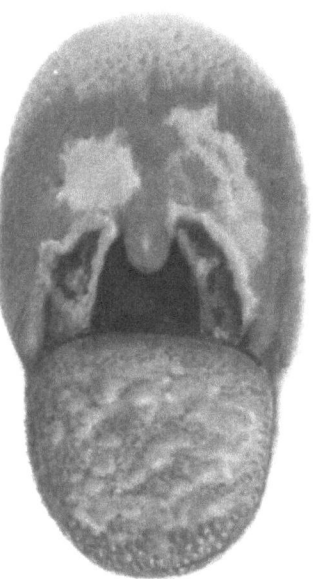

Abb. 18. Angina necroticans. (Nach JOCHMANN-HEGLER.)

JOCHMANN definiert die Angina necroticans als eine Streptokokkenangina, bei der es zur schichtweisen Nekrose der Schleimhaut kommt und nicht nur die Tonsillen, sondern auch deren Nachbarschaft ergriffen werden können.

Therapeutisch empfiehlt sich für die Behandlung der Angina necroticans stundenlange Anwendung des Dampfsprays mit Kochsalzlösung. Bei kleinen Kindern ist es vorteilhaft, mit der Rachenspritze Berieselung der Rachenteile mit warmem Tee vorzunehmen. Gewisse Erfolge sind mit Neosalvarsan intravenös in entsprechender Dosis zu erzielen. JOCHMANN empfiehlt Neosalvarsan 0,1—0,3 epifascial oberhalb des Trochanter nach der Wechselmannschen Methode. Mit Rekonvaleszenten-, menschlichem Normal- und tierischem Streptokokkenserum werden im allgemeinen zuverlässige Resultate bei Angina necroticans nicht erzielt.

Vaccine.

Vaccineeruptionen können in allen Teilen der Schleimhäute von Mund und Rachen vorkommen und zu regionärem Ödem führen. Es treten einzeln- oder gruppiertstehende Bläschen auf, die mit Eiter gefüllt, später gedellt sind. Nach Platzen derselben können sich dicke weiße Beläge bilden. Nach einer neueren Mitteilung von ORGLER kann es bei der gewöhnlichen Schutzpockenimpfung aber auch zu einer endogenen „begleitenden Angina" kommen. Man beobachtet bei einer Reihe von Kindern, daß ungefähr vom 5. bis 6. Tage sich eine deutliche Schwellung und Auflockerung der Tonsillen zeigt. Bei einem Teil der Kinder hat es hiermit sein Bewenden, bei einem anderen Teil treten auf den Tonsillen vereinzelte kleine Stippchen auf, und bei einer dritten Kategorie findet man am 7. bis 10. Tage, also zur Zeit des Fieberstadiums, eine typische Angina follicularis. Eine Verbreiterung der meist stecknadelkopfgroßen weißen Pfröpfe sah ORGLER fast nie. Hin und wieder konnte man längliche, auf der Tonsille liegende Pfröpfe beobachten, die den Eindruck machten, als ob sie aus einer Lacune herausgepreßt wären. Die Tonsillen erschienen nicht gerötet und injiziert. Schwellungen der Kieferwinkeldrüsen fehlten. Es handelt sich nach der Ansicht ORGLERs bei der die Impfung begleitenden Angina um eine rachenfern entstandene Erkrankung, bei der ein Eintritt des Erregers durch die Tonsillen ausgeschlossen ist. Er meint, daß es sich um eine nichtentzündliche Reizung der Tonsillen handelt, die zu einer stärkeren Zellabstoßung führt und dadurch die Bildung der Pfröpfe hervorruft. Sekundär kann es auf den veränderten Tonsillen durch die im Rachen oder durch die in den Pfröpfen und Lacunen befindlichen Bakterien zu einer entzündlichen Angina kommen. Der Autor läßt es unentschieden, ob die Veränderungen an den Tonsillen durch Substanzen hervorgerufen werden, die durch das Blut transportiert werden, oder durch nervöse Reize.

Varicellae.

Bei Varicellen lokalisieren sich die Bläschen vorwiegend am harten Gaumen, an der Zunge und am Zahnfleisch. Zur Schleimhautmanifestation können sekundäre Infektionen (auch sekundäre Tonsillitis) hinzutreten. Nach W. KÜMMEL beobachtete KAUPE sogar eine Perforation des Gaumensegels durch eine ulcerierende Varicellenefflorescenz.

Variola.

Bei Variola besteht zunächst eine Rötung und Schwellung der Tonsillen und des weichen Gaumens. Bisweilen sieht man hier umschriebene rote Fleckchen, besonders dann, wenn sich später zahlreiche Pusteln hier entwickeln. Die Schleimhautpocken entwickeln sich wie diejenigen der äußeren Haut, nur neigen sie zu Zerfall und bilden dann Erosionen, die sich diphtheroid belegen können. Im Anschluß an zerfallene Pocken kann es zu nekrotischen Prozessen oder Absceßbildung an den Tonsillen oder den Gaumenbögen kommen

Intoxikationen.

Autointoxikatorisch nehmen weniger die Mandeln, als speziell die Gaumenbögen an den entzündlichen Veränderungen teil, welche als Folge der azotämischen Urämie im ganzen Bereiche der Mundhöhle auftreten. Bisweilen kommt es auf der trockenen Schleimhaut zu Nekrosen, die in Geschwürsbildung übergehen.

Bei Vergiftungen mit Mineralsäuren, organischen Säuren und Alkalien partizipieren die Mandeln an der allgemeinen Verätzung der Mundrachenhöhle. Die z. B. bei Salzsäurevergiftung auftretenden grau-weißen Ätzschorfe sind gelegentlich bei Verheimlichung des Vergiftungsvorgangs mit Diphtherie verwechselt worden. Bei Ätzung mit Alkalien ist die Farbe der korrodierten wie der hämorrhagischen Partien mehr rötlichbraun.

Von besonderem praktischen Interesse ist die Teilnahme der Mandeln an dem Symptomenkomplex der Quecksilbervergiftung. Die durch das Aussehen des Exanthems oft täuschende

140 Mandelerkrankungen bei sonst. Infektionszuständen u. Intoxikationen.

Ähnlichkeit mit Scharlach wird noch gesteigert, wenn auch die Mandeln beteiligt sind. Von der einfachen Rötung und Schwellung der Schleimhaut bis zu leichteren und intensiveren Formen der Diphtherie (im klinischen Sinne), der phlegmonösen Tonsillitis und der ulcerativen Erkrankung kommen alle möglichen Formen und Übergangsstadien vor.

Es ist mir nicht zweifelhaft, daß auch bei Überempfindlichkeit gegen Jod, der im übrigen bekannte Reizzustand der Schleimhäute, welcher sich auch an den Tonsillen geltend macht, hier gelegentlich zu ausgesprochener Tonsillitis führen kann.

Literaturverzeichnis.

ANTHON und KUCZINSKY: Untersuchungen über die tonsillären Infektionen bei Erwachsenen. Verhandl. d. Ges. dtsch. Hals-, Nasen- u. Ohrenarzte. Mai 1923.

ANTHON, W.: PLAUTsche Angina und ihre Behandlung. Zeitschr. f. Hals-, Nasen- u. Ohrenheilk. 1922. H. 1/2. Ref. in Dtsch. med. Wochenschr. 1922. S. 745.

BAADER, ERNST: Die Monocytenangina. Dtsch. Arch. f. klin. Med. 1922. 140. H. 2.

DERSELBE: Dermatostomatitis. Arch. f. Dermatol. u. Syphilis. 1925.

BAAR, H.: Über akute aleukocythamische Leukamie im Kindesalter. Jahrb. f. Kinderheilk. 104.

BANTZ, R.: Leukämieartige Zustandsbilder mit dem Blutbefund einer extremen Leukopenie. Med. Klin. 1923.

BECK und KERL: Die Angina necrotica (PLAUT-VINCENT). Wien u. Leipzig 1924.

v. BEHRING: Gesammelte Abhandlungen. Neue Folge. Bonn. 1915.

BENECKE, E: Über hämorrhagische Diathesen mit Blutplättchenschwund und Knochenmarksaplasie bei Jugendlichen. Folia haematol. 21. 3. 1917.

BLOEDORN, W. A. and J. E. HOUGHTON: The occurrence of abnormal leukocytes in the blood in acute infections. Acute benign lymphoblastosis. Arch. of internal med. Vol. 27, Nr. 3, p. 315—325. 1921.

BLOOMFIELD and FELTY: On the mode of spread of an outbreak of acute tonsillitis (Über die Art der Verbreitung eines Ausbruchs von akuter Tonsillitis). Bull. of Johns Hopkins hosp. Vol. 34, Nr. 393. 1923.

DIESELBEN: Bacteriologic observations on acute Tonsillitis. (Amerikan.) Arch. of internal med. Vol. 32, Nr. 4, p. 483. Oct. 1923.

DIESELBEN: Definition of hemolytic streptococcus parasitism in the upper air passages of healthy people. Ibid. p. 386.

BUSCHKE: Schleimhauterkrankungen im Frühstadium der Syphilis. Lehrbuch der Haut- und Geschlechtskrankheiten von E. RIECKE. 1923.

CITRON, J.: Die Syphilis. KRAUS u. BRUGSCH: Spez. Pathol. u. Therap. Bd. II, 1. 1919.

DENKER und NÜHSMANN: Rachensepsis. Ergebn. d. ges. Med. Berlin u. Wien 1924.

DENKER und BRÜNINGS: Lehrbuch der Krankheiten des Ohres und der Luftwege. Jena 1923.

DEUSSING, R.: Über diphtherieähnliche Anginen mit lymphatischer Reaktion. Dtsch. med. Wochenschr. 1918. Nr. 19.

DIETRICH, A.: Die Entzündungen der Gaumenmandeln. Münch. med. Wochenschr. 1922. Nr. 41.
DOLD, H.: Aktive Schutzimpfung gegen Diphtherie nach v. BEHRING. Dtsch. med. Wochenschr. 1924. Nr. 11.
v. DOMARUS: Grundriß der inneren Medizin. Verlag Julius Springer. Berlin 1923.
ELKELES, A.: Beitrag zu dem Krankheitsbild der Angina agranulocytotica. Med. Klinik 1924. Nr. 46, S. 1614.
FALTA und DEPISCH: Über interne Komplikationen nach Tonsillektomie und Wurzelspitzenresektion. Wien. klin. Wochenschr. 1923. Nr. 33.
FEIN, S.: Die Anginose. Berlin u. Wien 1921.
FRIEDBERGER: Die Anaphylaxie. KRAUS u. BRUGSCH: Spez. Pathol. u. Therap. Bd. II, 1. 1919.
FRIEDEMANN, N.: Über Angina agranulocytotica. Med. Klinik 1923. Nr. 41.
FRIESLEBEN, MARTIN: Durch Splenektomie geheilter seltener Fall von Spontanruptur der Milz. Dtsch. Zeitschr. f. Chirurg. Bd. 173. 1922.
GRÜNWALD, L.: Krankheiten der Mundhöhle, des Rachens und der Nase. München 1912 (LEHMANNS Handatlanten).
HALIR, O.: Zur Kasuistik der unter schweren Symptomen verlaufenden Anginen. Wien. Arch. f. inn. Med. Bd. 8. 1924.
HEIBERG, K. A.: Über das Aussehen des Tonsillengewebes und die quantitative Verteilung seiner Bestandteile bei und nach akuter Entzündung, sowie bei lebhaftester Funktion. Ferner Mitteilung einiger Fälle von Tonsillen mit auffällig kleinen Keimzentren. Virchows Arch. f. pathol. Anat. u. Physiol. Bd. 253, H. 3. 1924.
DERSELBE: The present position of some adenoid tissue problems with special reference to the tonsils. Acta otolaryngol. Vol. 7, H. 1. 1924.
HERZ, ALBERT: Zur Pathogenese der Tonsillenerkrankungen bei akuter Leukämie. KRAUS u. BRUGSCH: Spez. Pathol. u. Therap. Bd. 8, S. 538. 1919.
HOPMANN, R.: Akute infektiöse Stammzellenvermehrung im Blute mit Heilung. Dtsch. Arch. f. klin. Med. Bd. 142, H. 3/4. 1923.
HIRSCH: Über den heutigen Stand der Mandelfrage. Klin. Wochenschr. 1923. Nr. 46.
JOCHMANN-HEGLER: Lehrbuch der Infektionskrankheiten. Verlag Julius Springer. Berlin 1924.
JOSEPH, L.: Referat über die Entwicklung des Tonsillenproblems in den letzten Jahren. Dtsch. med. Wochenschr. 1925. S. 129.
JULIANELLE, LOUIS A.: A bacteriologic study of extirpated tonsils. Journ. of laborat. a. clin. med. Vol. 9, Nr. 10, S. 699—701. 1924.
KAZNELSON: Zur Frage der akuten Aleukie. Zeitschr. f. klin. Med. Bd. 83, H. 1/2.
KELEMEN und v. GARA: Blutgerinnungsbeschleunigende Eigenschaft der Tonsillen. Zeitschr. f. Hals-, Nasen- u. Ohrenheilk. Bd. 7, H. 4. 1924.
KOCH, W.: Fall von Staphylokokkensepsis mit eigenartigen Hautveränderungen (Blutblasen), Leukopenie und lymphocytärem Blutbilde. Med. Klinik 1916. Nr. 19.
KOLLE und HETSCH: Experimentelle Bakteriologie und Infektionskrankheiten. Bd. 2. 1919. 5. Aufl.

Kümmel, Werner: Krankheiten des Mundes. 4. Aufl. Jena 1922.
Kuttner, A.: Erkrankungen der Nase und des Rachens. Kraus u. Brugsch: Spez. Pathol. u. Therap. Bd. 3. 1924.
Kraus, F.: Die Erkrankungen der Mundhöhle. Nothnagels Handbuch 1897.
Lauter: Zur Frage der mit Agranulocytose einhergehenden Fälle von septischer Angina. Med. Klinik 1924. Nr. 38.
Leon, Alice: Über gangräneszierende Prozesse mit Defekt des Granulocytensystems (Agranulocytosen). Dtsch. Arch. f. klin. Med. Bd. 143, H. 1/2. 1923.
Longcope, Warfield T.: Infectious mononucleosis (glandular fever), with a report of ten cases. Americ. journ. of the med. sciences. Vol. 164, Nr. 6, p. 781—808. 1922.
Lovett, Beatrice R.: Agranulocytic Angina. Journ. of the Americ. med. assoc. Vol. 83, 19, Nov. 8. 1924.
Mc Cutcheon, Morton: Studies on the locomotion of leukocytes. III. The rate of locomotion of human lymphocytes in vitro. Americ. journ. of physiol. Vol. 69, Nr. 2, p. 279. 1924.
Meyer, Edmund: Erkrankungen der oberen Luftwege. Handbuch der inneren Medizin von Mohr u. Staehelin. Berlin 1914.
Meyer, Fritz: Diphtherie. Kraus u. Brugsch: Spez. Pathol. u. Therap. Bd. II, 1. 1919.
Meyer, Max: Über akute nekrotisierende Amygdalitis, Pharyngitis und Laryngitis bei Influenza. Arch. f. Laryngol. u. Rhinol. Bd. 34, H. 1.
v. Mikulicz und Kümmel: Die Krankheiten des Mundes. Jena 1922.
Moral und Frieboes: Atlas der Mundkrankheiten mit Einschluß der Erkrankungen der äußeren Mundumgebung. Leipzig 1924.
Naegeli, O.: Blutkrankheiten. Verlag Julius Springer. Berlin 1923.
Orgler, Arnold: Über begleitende Angina. Jahrb. f. Kinderheilk. Bd. 100.
Packard, Maurice and Edward P. Flood: Pathogenesis of acute leukemia: report of a case of acute myeloblastic leukemia, with the association or complication of Vincent's angina. Americ. journ. of the med. sciences. Vol. 160, Nr. 6, p. 883—889. 1920.
Peter, F.: Eosinophilie bei Angina Plaut-Vincenti. Dtsch. med. Wochenschrift 1923. Nr. 9.
Petri, E.: Über schwere Veränderungen des gesamten Verdauungstraktus bei der sog. Agranulocytose. Dtsch. med. Wochenschr. 1924. Nr. 30.
Poppe: Experimentelle Diagnose der Maul- und Klauenseucheninfektion beim Menschen. Zentralbl. f. inn. Med. 1924. Nr. 48.
Riebold: Gegenwärtiger Stand der Diphtheriefrage. Münch. med. Wochenschrift 1923. Jg. 70, Nr. 38.
Scheller, R.: Diphtherie. Lehrbuch der Mikrobiologie von Friedberger u. Pfeiffer. Bd. 2. 1919.
Schlemmer: Komplikationen nach Tonsillektomie. Bemerkungen zur Arbeit v. Falta u. Depisch. Wien. klin. Wochenschr. 1923.
Schultz, Werner: Monocytenangina. Berliner Verein f. Innere Medizin. 3. Juli 1922. Dtsch. med. Wochenschr. 1922. S. 1495.
Derselbe: Über gangräneszierende Prozesse mit Defekt des Granulocytensystems. Ibid.

SCHULTZ, WERNER: Pathogenese und Therapie der hämorrhagischen Diathesen. Samml. zwangl. Abh. a. d. Geb. d. Verdauungs- u. Stoffwechsel-Krankh. Bd. 8, H. 6. 1923.

DERSELBE: Zur Differentialdiagnose der Maul- und Klauenseucheninfektion beim Menschen. Med. Klinik 1919. Nr. 33.

SPRUNT, THOMAS P. and A. EVANS FRANK: Mononuclear leucocytosis in reaction to acute infections (infectious mononucleosis). Bull. of Johns Hopkins hosp. Vol. 31, Nr. 357, p. 410—417. 1920.

STRÜMPELL, A.: Lehrbuch der speziellen Pathologie. 1923.

TARNOW, O. S.: Angina Plaut-Vincenti mit besonderer Berücksichtigung des Blutbefundes. Med. Klinik 1921. Nr. 34.

TIDY, H. LETHEBY and E. C. DANIEL: Glandular fever and infective mononucleosis with an account of an epidemic. Lancet. Vol. 205, Nr. 1, p. 9—13. 1923.

TRAUTMANN, G.: Krankheiten der Mundhöhle bei Dermatosen. 2. Aufl. Wiesbaden 1911.

VERSÉ, MAX: Pathologisch-anatomische Demonstration zur Agranulocytose. Berliner Verein f. innere Medizin 3. Juli 1922.

VOLHARD, F.: Nierenerkrankungen. Verlag Julius Springer. Berlin 1918.

WALDAPFEL, RICHARD: Neue Beiträge zum Anginaproblem und zur Streptokokkenvirulenz. Monatsschr. f. Ohrenheilk. u. Laryngo-Rhinol. 1924. Jg. 58, H. 4, S. 320—333.

DERSELBE: Zur Ätiologie der Angina. Verhandl. d. Ges. dtsch. Hals-, Nasen- u. Ohrenärzte. Mai 1923.

DERSELBE: Anginaproblem und Streptokokkenvirulenz. Monatsschr. f. Ohrenheilk. u. Laryngo-Rhinol. 1924. H. 4.

Sachverzeichnis.

Absceß der Mandeln **63**.
Agranulocytose 109.
Aleukie, hämorrhagische 100.
Alkalivergiftungen 139.
Allgemeinreaktion, sofortige, nach Seruminjektionen 56.
Amyelie, Mandelerkrankungen bei 100.
Anämie, aplastische und Mandelerkrankungen 100.
Anaphylaxie,
— Allgemeinreaktion, sofortige und 56.
— Diphtherie, Serumtherapie und 53.
Anatomie,
— Gaumenmandeln 1.
— Pathologische, s. Pathologische.
Anatoxineinheit (AnE) 55.
Angina (s. a. Tonsillitis),
— agranulocytotica 121.
— diphtherieaehnliche, mit lymphatischer Reaktion 78.
— Erkältungsangina 19.
— Hämatogene Entstehung 7.
— herpetica 62.
— Infektionszustände und 123.
— Intoxikationen und 139.
— Jodangina 140.
— leukämische Erkrankungen und (s. a. Leukämie) 94.
— leukämische Erkrankungen 5.
— — Pathogenese 5.
— retronasalis 57.
— syphilitica (s. a. Syphilis) 5, 89.
— traumatische 8.
— tuberkulöse 93.

Angina
— ulcero-membranacea 83.
— — Differentialdiagnose 86.
Aplastikämie 100.

Babes-Ernstsche Körperchen 28.
Bakteriologie,
— Diphtherie 28.
— Mandeln 9.
v. Behrings Diphtherieimmunserum 55.
Blut, Diphtherie und 37.
Blutungen der Tonsillen 6.

Colitis cystica 126.

Dermatostomatitis 128.
Diphcutan 50.
Diphtherie **28**.
— Allgemeinbehandlung 50.
— Allgemeinreaktion, sofortige, bei Serumtherapie 56.
— Anaphylaxie 53.
— Angina syphilitica und, Differentialdiagnose 89.
— Babes-Ernstsche Körperchen 28.
— Bacillenträger (s. a. Diphtheriebacillenträger) 42.
— Bakteriologie 28.
— Blut bei 37.
— Diagnose 37.
— Diphtheriegift für Schickprobe 41.

Schultz, Gaumenmandeln. 10

Diphtherie,
— Diphtherieimmunserum v. BEHRINGS 55.
— Diphtherieserum „ELO" 54.
— Experimentelle Pathologie 30.
— gravissima (fulminans) 34.
— Immunisierung, aktive 46, 49.
— — passive, mit Diphtherieantitoxin 45.
— Immunität 38.
— Intracutanreaktion RÖMERS 31.
— KLEBS-LÖFFLERsche Diphtheriebacillen 28.
— Klinik 32.
— maligne (hochtoxische) 33.
— — Pathologische Anatomie 39.
— Monocytose bei 83.
— Normalpferdeserum 52.
— Pathogenese 38.
— Pathologische Anatomie 38.
— PLAUT-VINCENTsche Angina und, Differentialdiagnose 87.
— Prophylaxe 44.
— Pseudodiphtheriebacillen 28.
— Rezidive 45.
— Schickprobe(-reaktion) 41.
— Schicktest „Höchst" 42.
— Schutzimpfstoff Höchst 49.
— Schutzmittel v. BEHRINGS (s. a. Diphtherieschutzmittel) 46.
— septische 35.
— Sera, anallergische 54.
— Serumkrankheit 55.
— Tonsillektomie 51.
— Toxonwirkung auf das Nervensystem 32.
Diphtherieähnliche Angina mit lymphatischer Reaktion 78.
Diphtherieantitoxin, Immunisierung, passive mit 46.
Diphtheriebacillen 28.
— Intracutanreaktion RÖMERS zur Identifizierung virulenter 31.
Diphtheriebacillenträger 42.
— Kontaktträger 42.
— Rekonvaleszenzträger 42.
— Säuglinge 43.
— Tonsillektomie 44.
Diphtheriegift für Schickprobe 41.

Diphtherieimmunserum v. BEHRINGS 55.
Diphtherieschutzimpfstoff „Höchst" 49.
Diphtherieschutzmittel „TA" v. BEHRINGS 46.
— „TA 1" und „TA 2" 48.
— „TA 6" 48.
— „TA 7" 47.
Diphtherieserum „ELO" 54.
Drüsenfieber, Mononucleose, infektiöse, mit 79.

ELO (elektroosmotisch gereinigtes Diphtherieserum) 54.
Erkältungsangina 19.
Erythema
— exsudativum multiforme 127.
— infectiosum 131.
— nodosum 131.

Gaumenmandeln s. Mandeln.
Gerinnung, Mandelsubstanz und ihr Einfluß auf die 3.
Geschwülste der Mandeln 88.
Gonorrhoe (Gonokokkensepsis), Mandelerkrankungen bei 92.
Grippe 131.
Gumma syphiliticum der Tonsille 88.

Hämorrhagische Diathese, Tonsillenerkrankungen und 6.
Herpes pharyngis 63.
Hyperkeratosis lacunaris 62.

Immunisierung bei Diphtherie,
— Aktive 46, 49.
— Passive 45.
Immunität, Diphtherie und 38.
Initialsklerose, syphilitische, s. Syphilis.
Intoxikationen 139.
Intracutanreaktion RÖMERS zur Identifizierung virulenter Diphtheriebacillen 31.

Jodangina 140.

Keimzentren 2, 24.
Kindesalter, Pharynxtuberkulose, akute, im 94.
KLEBS-LÖFFLERsche Diphtheriebacillen 28.
Konkremente in den Mandeln 63.
Kontaktträger bei Diphtherie 42.

Leukämie, akute, und verwandte Erkrankungen mit Mandelaffektionen 94.
— Lymphadenose 95, 96.
— Monocytenleukämien 97.
— Myelose (myeloische Leukämie) 95.
— Pathogenese 5.
— Pseudoleukämie 97.
Leukocyten, Vakuolen in denselben bei septischer Tonsillitis 61.
Literatur 141.
Lymphadenoides Gewebe, Keimzentren und 2, 24.
Lymphadenosen s. Leukämie.
Lymphgefäße der Mandeln 2.
Lymphoblastose, akute benigne, mit Angina 78.
Lymphomonocytose, infektiöse 78.

Mandelkapsel 1.
Mandeln,
— Absceß 63.
— Anatomie 1.
— Bakterienreichtum 9.
— Blutungen 6.
— Enukleation 27.
— Gerinnungsbeschleunigende Eigenschaften ihrer Substanz 3.
— Initialsklerose, syphilitische, und ihre Unterscheidung von Angina PLAUT-VINCENTI 87.
— Konkremente 63.
— Lymphgefäße 2.
— Physiologie 1.

Mandeln,
— Resektion 27.
— Scheindesinfektion 25.
— Schutzfunktion 3.
— Syphilis der (s. a. Syphilis) 89.
— Tuberkulose (s. a. diese) 93.
— Tumoren 88.
Masern 135.
Maul- und Klauenseuche 124.
Meningitis cerebrospinalis epidemica 134.
Milzruptur bei Monocytenangina 82.
Mineralsäurenvergiftungen 139.
Monocytenangina 67.
— Diphtherieähnliche Angina mit lymphatischer Reaktion 78.
— Formes frustes 81.
— Lymphoblastose, akute benigne, und 78.
— Lympho-Monocytose, infektiöse 78.
— Milzruptur bei 82.
— Mononucleose, infektiöse, mit Drüsenfieber 79.
Monocytenleukämien, Mandelerkrankungen bei 97.
Mononucleose, infektiöse, mit Drüsenfieber 79.
Myelosen s. Leukämie.

Neoplasmen der Mandeln 88.
Normalpferdeserum bei Diphtherie 52.

Organische Säuren und Alkalien, Mandelerkrankungen bei Vergiftung durch 139.

Paradiphtheriebacillen 28.
Pathogenese 4.
— Diphtherie 38.
Pathologische Anatomie
— Diphtherie 38.
— Tonsilliden 21.
Peritonsillitis 64.

Pharyngomycosis leptothricia 62.
Pharynxtuberkulose, akute 93.
— Kindesalter 94.
Physiologie der Gaumenmandeln 1.
Plaques muqueuses (opalines) 90.
PLAUT-VINCENTsche Angina 83.
— Differentialdiagnose 86.
Plica transversa 1.
— triangularis 1.
Pseudodiphtheriebacillen 28.
Pseudoleukämie, Mandelerkrankungen bei akuter 97.

Quecksilbervergiftung 139.

Rachen,
— Sporotrichose 63.
— Tuberkulose, akut verlaufende 93.
Rachenmandelentzündung bei Tonsillitis 57.
Recessus palatinus 1.
Rekonvaleszenzträger bei Diphtherie 42.
RÖMERS Intracutanreaktion zur Identifizierung virulenter Diphtheriebacillen 31.
Röteln 135.

Säuglingsalter, Diphtheriebacillenträger im 43.
Säurevergiftungen 139.
Scharlachangina 136.
— Pathogenese 11.
Scheindesinfektion der Mandeln 25.
Schickprobe(-reaktion) 41.
— Diphtheriegift für 41.
Schicktest „Höchst" 42.
Selbstinfektion bei Tonsillitis 20.
Sera, anallergische 54.
Serumkrankheit 55.
— Allgemeinreaktion, sofortige und 56.
Serumtherapie der Diphtherie 51.
— Allgemeinreaktion, sofortige 56.
— Anaphylaxie 53.

Soorangina 63.
Sporotrichose des Rachens 63.
Stomatitis epidemica 124.
Streptokokkensepsis, Tonsillitis acuta mit Ausgang in 60.
Streptokokkenträger, Tonsillitis und 13, 15, 16.
Syphilis der Mandeln 89.
— Angina 5.
— Gumma 88.
— Initialsklerose 87, 89.
— Pathogenese 5.
— Plaques muqueuses (opalines) 90.
— PLAUT-VINCENTsche Angina und, Differentialdiagnose 87, 88.
— Sekundärerscheinungen 88, 89.

TA (Toxin-Antitoxin) zur Immunisierung bei Diphtherie (s. a. Diphtherieschutzmittel) 46.
Therapie,
— Diphtherie 50ff.
— Tonsillitiden 24.
Tonsillarabsceß 63.
Tonsillarblutung, Tonsillenerkrankung bei werlhofartigen Zuständen mit 6.
Tonsillektomie,
— Diphtheriebacillenträger und 44.
— Lähmungen, postdiphtherische, und ihre Beeinflussung durch 51.
Tonsillen s. Mandeln.
Tonsillitis und sonstige Mandelaffektionen (s. a. Angina),
— akute 56.
— Allgemeinbehandlung 26.
— Angina retronasalis bei 57.
— Angina syphilitica und, Differentialdiagnose 89.
— benigne fibrinöse 56.
— Differentialdiagnose 62.
— follikuläre 56.
— gangränöse 56.
— katarrhalische 56.
— lakunäre 56.
— nekrotisierende 56, 137.
— Pathogenese 4.

Tonsillitis,
— pseudomembranöse 56.
— Rachenmandelentzündung bei 57.
— Selbstinfektion 20.
— Streptokokkensepsis bei 60.
— Streptokokkenträger und 13, 15, 16.
— Therapie 24.
— Vakuolen in den Leukocyten 61.
— Werlhofartige Zustände mit Tonsillenblutung und 6.
Toxon und seine Wirkung auf das Nervensystem bei Diphtherie 32.
Trauma, Angina und 8.
Tuberkulose der Rachenteile, akut verlaufende 93.

Tumoren der Mandel 88.
Typhus abdominalis 135.

Urämie 139.

Vaccine 138.
Vakuolen in Leukocyten bei septischer Tonsillitis 61.
Varicellen 139.
Variola 139.
Vergiftungen 139.

Werlhofartige Zustände, Tonsillarblutung und Tonsillenerkrankung bei dens. 6.

| MIX |
| Papier aus verantwortungsvollen Quellen |
| Paper from responsible sources |
| FSC® C105338 |

If you have any concerns about our products,
you can contact us on
ProductSafety@springernature.com

In case Publisher is established outside the EU,
the EU authorized representative is:
**Springer Nature Customer Service Center GmbH
Europaplatz 3, 69115 Heidelberg, Germany**

Printed by Libri Plureos GmbH
in Hamburg, Germany